最實用

圖解

山田流の 生產革新

野沢陳悦、陳崇志 著

書泉出版社 印行

推薦序一：日本改善鬼才　山田日登志

かつてよりいち早く様々な現場で「トヨタ式生産方式」を導入し、その後にキャノンの生産革新を最初に現場で取り組んだ男・野沢陳悦氏の十五年に渡る山田流改善をまとめた書である。今、まさに高度経済成長を終えた中国、台湾に必要な書である。

　ぜひこの一冊をこれからの次世代を担う方々の一人でも多くの方々に読んでいただき、未来の企業経営の礎を築いていただけたら幸いと思うのである。

　野沢陳悦先生他很早就開始在許多現場導入「豐田式生產方式」。之後，他更從最初在現場致力於推動日本佳能公司的生產革新活動開始，在歷經了15年的山田流改善實務經驗後，將其改善所累積、蒐集的資料彙整成此書。

　值此當下，對正處於高度經濟成長剛剛結束沒多久的中國及臺灣而言，是很需要的一本書。

　無論如何，希望這本書能提供給今後將擔負重任的新世代閱讀，進而，如果能讓他們構築未來企業經營基礎的話，更是慶幸。

山田日登志

日本 PEC 產業教育中心　所長

推薦序二：兩岸經貿推手　高孔廉

企業經營與管理是本人多年來的興趣、教學及鑽研的領域，自 1975 年開始在大學任教，1981 年進入政府服務，1988 年開始從事兩岸及大陸事務，從此與兩岸經貿、臺商經營、企業策略結下不解之緣。2008 年起奉派到海基會服務，更以推動兩岸經貿互利雙贏，建立互惠互信的基礎，而邁向兩岸和平穩定為職志。

本書著作者陳崇志先生，曾經榮獲中華企業經理協進會第 19 屆國家十大傑出企劃經理獎，恰巧本人在 2001 年即為該屆傑出經理選拔委員會的複審主任委員，深知其當選之不易。企經會的宗旨就是推廣管理的知識與經驗，1982 年起選拔國家傑出經理，過程公平、公正、公開，歷經三審、五關的嚴謹程序選出傑出典範，一則肯定他們的努力，表揚其成果，再則促成國人對管理知識的重視。

陳先生在製造業工作 25 年，其中派遣長駐海外、大陸工作經驗更長達 10 年之久，如今他把這些寶貴的經驗出版成一本能協助兩岸企業反敗為勝的參考書籍，值得借鏡。由本書內容可以看出兩位作者把在製造業多年，特別是在兩岸的企業界中實際淬鍊過後證明可行、有效的「生產革新」改善實務經驗，有系統的整理、歸納、圖解化，讓企業、工廠的幹部、主管乃至於經營者，都能很輕易的瞭解並施行。

尤其，書中所寫的諸多內容更是由多年奔波於兩岸的關係企業間所經歷且篩選過的優秀改善事例，這在坊間少見更是彌足珍貴。本人從事企管教職，參觀過許多兩岸企業，對於企業在兩岸經營上為了生存，無不竭盡所能的進行各項改革，看在眼裡更是佩服，也因此這些內容讀來不禁心有戚戚焉！

這是一本實用性很高的書籍，深信本書的出版定能帶給兩岸的企業，一些典範及可茲借鏡之處，進而使企業的經營因革新而更勝一籌，以達創造勞資互利、兩岸互榮的勝局。

在此鄭重的推薦給兩岸的企業界先進們。

(前)財團法人海峽交流基金會副董事長兼秘書長

推薦序三：流通業教父　徐重仁

人生總是驚喜處處，2012 年 6 月告別長達 35 年的統一超商工作職涯後，接任財團法人商業發展研究院董事長的工作，持續為臺灣的服務業貢獻心力，將我的經驗分享於社會，今 (2014.1.6) 又接下全聯總裁一職後，在我的生命中，將再挑戰【臺灣第二次的流通業革命】。

回顧我在統一超商經歷的 35 年來，從虧損長達 7 年的 7-ELEVEN 重新出發，大刀闊斧的在展店、行銷、教育訓練、營運管理等方面進行「全面革新」政策，終於在 1987 年轉虧為盈，成為臺灣人生活不可或缺的第一大零售業公司。

我深刻體會在服務業乃至於製造業，要引領企業由「紅海」邁向「藍海」，【革新】的推動勢在必行，也是唯一反敗為勝的有效利器。

今有幸能拜讀同為金蘭社的扶輪人陳崇志先生與知名的日本 Canon 公司退休友人野沢陳悦先生共同執筆，將他們長期在製造職場所累積的「生產革新」實務推動的寶貴經驗及成果，以簡易圖解、實例化的方式寫出此本書來，分享於產業界們參考、借鏡，實在令人讚賞。

特別有趣的地方是，兩位作者將此艱深的革新活動推進步驟及產業所遇問題的解惑等繁瑣的觀念解說，以類似產品簡易使用說明書的方式作引導說明，實在不失為好構想，更能讓讀者易懂易學啊！

本書的內容旨在教導企業處於困境待變之際，如何針對企業浪費的三大源頭：人、空間、庫存，進行迅速、有效的革新活動，讓企業的「現金流」活化，這個觀念正是我數十年來營運流通服務業時所著重之處，接任全聯公司後所許下的「2017 年店數成長至 1,000 家，2020 年營收倍增至 2,000 億元」的兩大目標，也更有賴啟動這三項指標的革新活動才行。

很高興 James (陳崇志先生) 能邀請我為本書寫「推薦序」，我想不論是我抑或是兩位作者，都是在退休之後將累積畢生的經驗與能力，好像傳教士一般地，分享、奉獻給社會及產業界，我滿心感激。

徐重仁

全聯實業股份有限公司 (全聯社) 總裁
財團法人商業發展研究院　董事長
(前) 統一超商股份有限公司　總經理

推薦序四：購併改造天王　盧明光

40 年工作生涯中，從基層到目前擔任兩家上櫃公司的董事長兼執行長，個人經歷了兩次石油危機、亞洲金融風暴、網路泡沫以及 2008 年美國的金融海嘯。不管挑戰如何艱辛、環境如何險峻，總能以堅定的信念、時時革新、步步為營，領導團隊渡過難關。書中一句「革新」先「革心」這話憾動著我，多年來信念不正是如此嗎？

本書著作者陳崇志先生是我企經會會員，曾榮獲第 19 屆國家十大傑出企劃經理獎殊榮，實為優秀難能可貴之才，巧的是當時我正是該屆企劃類傑出經理選拔的「初審委員」，當時更親赴他任職的公司進行實地訪察，見聞他在企業中努力的成就。今拜讀了他與日本友人將長期以來在製造業中，協助公司進行革新活動推展而累積得來的改善實務經驗，彙整成能提供給各企業參考的工具書，對此精神本人深感佩服。

企業的革新千頭萬緒，本書的兩位作者來自於不同國度的知名集團企業，且在職場上都有著身經百戰的跨國改善經驗，經過語言、文化、觀念的磨合到結合，共同在兩岸三地乃至於其他多國間，戮力推動「生產革新」的變革活動，更加難能可貴。

「生產革新」將工廠的改革重點鎖定在，高占 70% 的「搬運動作」與「停滯」兩大浪費，同時更以【節省人力】、【節省空間】、【庫存低減】作為革新主軸的三大依歸，讓革新成果能顯著的呈現在經營的財務報表上，讓數據說話，這真是一針見血啊！這也正是我們經營企業所注重的指標所在。

企業的競爭瞬息萬變，迫使革新無時無刻都在進行著，但就經營者的立場當然無法等，總希望能迅速達到立竿見影的成效，本書的革新方式更在日本各大企業、同時亦經過兩位作者多年來跨國的實際推動驗證後，證明在短期間內，大都可以使得企業獲得意想不到的改善成果。

在此，我由衷的期待本書的出版，更盼望它能提供給各企業界變革參考，特此推薦之。

中美矽晶製品（股）公司　董事長兼執行長
朋程科技（股）公司　董事長兼執行長
社團法人中華民國企業經理協進會　理事長

推薦序五：精實變革專家　劉仁傑

東海大學精實系統團隊成立於 1992 年，以與中臺灣精密機械產業暨自行車產業的綿密互動著稱，不僅協助產業界推動 TPS（豐田生產體系）受到肯定，學術研究成果亦揚名國際。個人因為工具機與自行車產業網絡的研究機緣，2002 年受邀到美國華頓商學院擔任訪問學者；2007 年進一步以「Taiwan's A-Team: Integrated Supplier Networks and Innovation in Taiwan Bicycle Industry」，在全球管理學會 (AOM) 獲得傑出論文獎。

基於產業界的強烈期待，2012 年東海大學結合產業界資金與實物捐助，設立了精實系統實驗室，受到國內外產學界極大的關注。目前精實系統團隊包括教授團隊暨國內外專家十餘人，以精實系統實驗室作為平臺，擴大教學、研究和產學互動的產業社會貢獻。

生產變革與臺日聯盟

近十餘年來，我個人持續應邀到日本知名大學擔任客座教職，深感臺日產業界造物管理的價值觀最為接近，價值創造上遇到的困境也十分雷同。下列兩項工作，逐漸成為團隊投入的重心。

第一，推動精實變革，拉近臺日製造管理思想。整體而言，先是從思維變革開始，臺灣積極學習日本以客為尊、流程導向的消除浪費精神，帶動精實變革風潮。接著，我們從兩地的製造現場價值創造過程發現，臺灣兼容並蓄的開放思想，以及價值形成策略的抉擇能力，非常值得日本學習。如果說世界第一的日本汽車企業反映了前者，全球重鎮的臺灣自行車企業則將後者表達得淋漓盡致。

第二，臺日企業間聯盟的研究與推動。追求「成本降低」的全球化，助長世界工廠的形成與移轉，2000 年前後臺日企業聯手在中國設立據點邁向最高峰。2010 年代新興臺日合資據點，則正朝向臺灣與日本兩地擴張，著眼於全球市場的「價值創造」型臺日聯盟，已經蔚為趨勢。

事實上，2000 年前後我們進行亞洲光學的臺日聯盟研究，正值本書兩位作者，分別以日籍顧問與集團總管理處長，聯手推動亞洲光學集團的生產革新。在時空上，亞洲光學集團當時不僅是最早擁有最多臺日合資據點的上市公司，也是最早投入生產革新的電子相關企業，堪稱臺日聯盟與生產變革的先趨者與實踐者。

我們在深圳長安訪問亞洲光學董事長賴以仁，並應邀參加晚宴，與來自日本知名企業的經營者同席。十分意外的是，當天賴董事長在同一家餐廳的三個

樓層，分別宴請包括尼康與理光在內的三批日本客人。這個田野調查經驗，我在學術論文用「隱形協調機制」概念，說明臺日聯盟的樞紐企業與共創網絡，在臺日企業間合作發展過程的重要角色 (參閱劉仁傑主編《共創：建構台灣產業競爭力的新模式》遠流，2008 年)。

生產變革進化總覽

價值創造型企業的最大特徵是製造現場組織能力。透過製造流程的變革，提升附加價值，不是優良日本企業或臺日合資企業的專利。本書是野沢陳悅先生與陳崇志先生的心血結晶，從生產變革的藍圖描述開始，區分為準備、現狀把握、整流化、看得見管理、物流改革、平準化、水平展開與結語等八篇，不僅提供推動生產變革的工具、步驟與方法，也提出了包括思想與態度等基礎條件，以及豐富而多樣的圖解說明。

因此，本書堪稱是生產變革進化總覽。內容能夠讓企業深入理解推動精實系統的意涵，進而透過實踐有效地達成企業目標。

兩位作者師承山田日登志，間接受到 TPS 鼻祖大野耐一的影響。山田派的最大特徵是因應電子產業的特質，發展出獨特的 Cell Production，這是相對於汽車產業生產方式的一項創新。這也是 1990 年代後期，日本佳能集團透過製造現場的銳意變革，打造日本光學產品王國的基礎。我個人在不同時期參訪過佳能集團的日本、臺中、大連、珠海等據點，見證了這個過程。

正因為兩位作者在這些過程，以及臺日光學企業合作網絡的普及過程，直接留下豐富的足跡，本書的許多照片、圖片與思維，對於臺灣廣泛的企業具有非常直接啟發，值得大力推薦。

野沢陳悅先生與陳崇志先生雖然年齡相差超過 20 歲，執筆本書的熱情卻完全相同。作為獻身相同領域的學術界朋友，我十分樂見這本書的出版，並期待兩位作者繼續保持活力，共同致力於製造現場的變革，以及在這個基礎上的臺日企業合作。

劉仁傑

東海大學精實系統實驗室負責人
東海大學工業工程與經營資訊系教授
大阪市立大學創造都市研究所客座教授

前言 / 自序

山田日登志 (YAMADA HITOSHI) 1939 年，出生於日本岐阜縣羽島市。畢業於南山大學文學系，1963 年任職於中部經濟新聞報社記者。1965 年，轉職於岐阜縣生產性本部的經營顧問。在協助中小企業工廠改革時，巧遇豐田汽車公司的大野耐一，因吸引而拜師當入門弟子，開始追隨豐田生產方式首創者的大野耐一，學習「豐田流」工廠運營的管理與技術，之後於 1978 年創立了 PEC 產業教育中心，擔任所長，從事生產管理專業顧問的工作，初期他主要是推展「豐田生產方式」累積了不少經驗，但卻有一些企業紛紛反應改善的效果不彰，使他感到愧疚，因而積極獨自針對現場的革新教育進行研發、探討，終於提出了「細胞式生產方式 (Cell Line)」的有效方案。

話說 1980 年末，全世界企業潮流邁入多機種少量的生產體系，他便開始指導、協助許多著名企業諸如 Sony、NEC、Canon、富士電機等的上市公司集團企業，更致力於推進中小企業現場的「生產革新」活動，拆除輸送帶，以最少的作業員，代替過去由許多人沿著輸送帶從事組裝的方式，結果發現：不但生產彈性大增、生產力提升、空間更為節省。日本企業紛紛跟進推行此一變革性的「生產革新」活動。甚至還有不少企業因此關閉部分在中國的生產線，移回日本生產，此舉深獲各業界高度的評價。

山田日登志延續了豐田式生產制度創始人大野耐一先生「消滅浪費」的基本思想。他更認為大多數的工廠內 100% 的工作中，存在著「ムダ：馬上可以去掉的浪費」＋「むだ：沒辦法馬上去掉的浪費」竟高達 70%，而正規、實質的工作卻只占少數的 30%。

ムダ「馬上可以去掉的浪費」：意指在工作上絲毫沒有需要的東西。

★例如：手上拿著，沒有意義的搬運。

むだ「沒辦法馬上去掉的浪費」：意指沒有附加價值，不過在現在的工作條件下，不做不行的東西。

★例如：引取零部件不便，採購部門的納入包裝去除。

(「ムダ」＋「むだ」70%)＋(正規、實質工作 30%)＝ 100%。

也因此，山田流的「生產革新」把傳統豐田生產方式的七個浪費，濃縮總括為「搬運動作」與「停滯」兩大浪費。強調施以簡單豐田生產方式的手法講習、迅速親赴現場實務教導，以排除工廠兩大浪費為目標，讓改善者感受到改

善不再艱深遙不可及，有自信的水平展開於工廠內各部門的自主革新活動，而「生產革新」的推動成效，更以務實的節省人力、節省空間、庫存減低為主軸的三大依歸，最終在短期間內，大都可以使得企業獲得意想不到的改善成果。

2008 年 4 月 15 日 NHK 電視台「專業工作的流派第 84 次能為公司發光職員、能復甦公司重建工廠的山田日登志」的專題節目中，NHK 更介紹了山田先生指導三洋電機的鳥取工廠，拆除輸送帶組立線，改由一個人生產方式的成功經過，三洋電機公司就從 28 人經過 IE 人員分析、逐步檢討減為由 1 人做原先 28 人所做的工作，效率總共提升了 70%。松下及 SONY 公司也以 2~4 人所謂的「細胞式 (Cell Line)」生產模式獲得了豐碩的革新成果，從此讓他聲名大噪。

山田先生更在他所著的《排除浪費》這本書中，特別提到了日本 Canon 公司，1997 年 Canon 公司御手洗富士夫社長聽說 NEC、三洋、SONY 等公司都聘請山田日登志診斷並且成效顯著時，起初不相信，非要親自去參觀不可。當他來到 SONY 公司木更津工廠，聽了簡介並參觀現場後，才相信那是真的，御手洗回到公司以後，立即下令在 Canon 集團中，全面的廢除輸送帶、自動倉庫，並邀請山田日登志前去公司輔導，集團上下徹底地實現生產革新。其革新成果：1998 年~2000 年，3 年內總共拆除 15.5km (1 km＝1,000 公尺) 的輸送帶；空間節省方面：截至 2000 年共空出 255,721 平方公尺；人力方面：2000 年止共節省 9,605 人，產能、利益也因此大增。

另以 Canon 茨城縣取手市生產雷射印表機的工廠為例，原來的生產線全長 120 公尺，作業員 46 人，平均生產一台時間為 55 分鐘。拆除生產線適應一段時間後，一個人平均 20 分鐘就能組裝一台，生產效率足足提高了將近 2 倍。子公司 Canon 電子的業績更為明顯，該公司在導入「細胞生產方式」後，激發良性競爭，生產效率迅速提升，生產掃描機的職場 3 年間由每人每天的產量 11 台變為 46.8 台，提升高達 4.3 倍之多。

Canon 電子株式會社社長酒卷久先生在 2006 年 10 月 1 日出版的《佳能式細胞生產方式》一書中談到他就任社長 5 年間，利潤增長了 10 倍，其原因是什麼？不是因為科技創新，不是因為組件創新，不是因為行銷模式創新，而是因為生產方式的創新，即由傳統輸送帶方式轉向細胞式生產方式。由此看來，它帶給我們國內企業的啟示是，創新存在於企業經營的某一細節或關鍵環

節當中，而不能只將眼光停留在技術上。試問，Canon 為什麼僅僅因為生產方式的轉變，就會獲得如此成就？我們發現：經過實施「細胞式生產方式」的生產革新活動，就改造了整個 Canon 結構和系統，這是他們成功的關鍵之處。

本書的作者野沢陳悅先生，1995 年在擔任日本大分 Canon 公司社長時，初次參加山田先生的演講，深受啟發。1998 年日本 Canon 集團正式邀請山田先生到各關係工廠指導，首先選定事務機工廠進行輔導，結果獲得很大的效果，當時的御手洗社長即要求集團企業全面展開「生產革新」活動的推行，1999 年山田先生赴大分 Canon 公司指導時，由時任社長的野沢陳悅先生帶領全廠 1,000 名員工參與「生產革新」活動，短短 6 個月間，員工由 1,000 人→ 675 人，節省了 325 人；節省空間：9,823 → 17,013 平方公尺、在庫低減：25 日→ 7.2 日。2000 年社長卸任後，更受命御手洗社長的委任擔當顧問一職，跟隨山田先生一起到日本 Canon 集團的海內、外 (日本、臺灣、泰國、法國、中國) 等關係工廠指導「生產革新」活動的推進，直到 2001 年止，這 3 年期間內充分理解、徹底的學習到山田先生的精髓，更累積了扎實而寶貴的現場改善實務活動經驗，2002~2008 年這 7 年期間更接受賴以仁先生的邀請，輔導亞光集團海內、外 (臺灣、菲律賓、中國、緬甸) 等地工廠推行「生產革新」活動貢獻顯著，在這段日子裡時任總管理處處長的我，有幸能擔任集團生產革新活動推進總負責人的工作，追隨野沢先生出訪各地、四處改善。離開職場後，2010 年起開始擔任經營管理顧問，輔導中小企業的改善工作。有感於「山田流的生產革新」改善活動，原屬於日本企業反敗為勝的利器，但經歷過臺灣企業及其他海外事業體的淬鍊後，證明更屬可行，而不再遙不可及，有鑑於坊間未見探討此類的參考書籍可茲借鏡，便萌生邀請野沢先生合作出版一本可供中小企業乃致於集團大企業均適合研讀、參考的工具書，更希望能對國內的企業界貢獻綿薄之力，藉此也能使野沢先生畢生寶貴的經驗得以傳承。

最後，我還要感謝唐健凱先生能於工作之餘，協助本書編輯的工作。

2014 年 4 月於臺灣、臺中

PS：年屆 75 歲的野沢先生如今仍忙碌於日本栃木縣產業振興中心，為協助當地中小企業推展生產革新活動而努力著，試問？！改善何嘗不是如此。

引言

開始活動後最令我驚訝的事！
—— 能在短時間內提高工作效率 30%　庫存大幅減少超過 10% ——

　　1995 年 5 月在我開始擔任 Canon 大分工廠負責工廠診斷以來，就一直與山田老師共事。當時，山田老師所說的話顛覆了我們對生產的傳統觀念，像使用「豐田式生產」這樣獨特的專有名詞剛開始時雖然令人有些疑惑，但其實是要喚起「順從指令，採取正確的動作」以這樣的口號開始運作。

　　之後，在山田老師的指導下，從老師的人生觀與累積了豐富的經營指導經驗中領悟出管理理念。我徹底的被現場主義、實踐現場的改善活動這樣的話憾動，它有如一道閃光「啪」通過我的腦裡時，我感到有些「衝擊」，然而之後「逐漸地」瞭解老師的用心。

　　山田老師所說的話與指導的內容，深植在我心裡。從 1999 年來共 3 年間，一點一滴抄錄下來的筆記就超過了 3 本以上。在 Canon 大分工廠退休後，山田老師仍持續指導國內外的 Canon 工廠，我也追隨老師繼續學習「山田流的生產改善實務」。

　　我在 Canon 退休後，因山田老師的推薦，開始獨自指導大分縣的中小企業，一邊輔導、一邊協助臺灣企業(是我特派在臺灣時合作的企業：總公司在臺灣)，生產據點有臺灣、菲律賓、緬甸、中國。我整個人埋首在協助導入「生產革新」活動的推動。

　　在這之間，回過頭來不知不覺地已經過了十多年餘，也累積了不少的實戰經驗。我意識到應該有不少工廠還存在著許多的「浪費」、「應該更賺錢卻因營運的浪費而……」。

　　在這個里程碑裡，到目前為止從山田老師那裡學來的工夫與自己領悟來的指導方式等的多次反思，與審查內容後，所匯集的成果終於問世。雖然是我一份微薄的心力，但若能協助企業改善經營，獲得更高的利益，那也是我的心願。

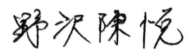

2014 年 4 月於日本・宇都宮市

與山田日登志老師的合影

工廠巡迴時

佳能大分社長時期　佳能社長　山田日登志老師

本書使用要領簡介

本書的編輯目的，是希望此書能成為您改善隨身、備忘的工具，首先告訴您生產革新與傳統生產方式的不同，接下來請依書中簡易的【生產革新活動推進步驟總覽】與【生產革新重點說明】點檢，對照一下貴公司／工廠所處的實力階段為何？然後再依循參照本書革新活動推進步驟中，各篇章節所教導的觀念、內容、實例，不要質疑試著做看看。

1. 生產革新活動推進步驟總覽(依總覽可以輕易點檢出公司／工廠目前正處於哪一階段的改善需求，進而對照步驟與參閱本書關鍵內容的實務解說)。

2. 誰都可以輕易理解的生產革新重點說明(當您不知如何判斷、困惑時，想知道該如何解決所面臨的問題時，可參考此內容，依內容指示方向，進行革新改善活動)。

3. 本書依生產革新活動推進步驟順序，分為七大篇：
   一、準　　備　篇
   二、現　狀　把　握　篇
   三、整　流　化　篇
   四、看　得　見　管　理　篇
   五、物　流　改　革　篇
   六、平　準　化　篇
   七、水　平　展　開　篇
   以上各篇章節內容均以簡單的觀念知識說明，再賦予深入淺出的實例印證解說，讓您能夠輕易瞭解，並可依範例試行改善。

4. 最後的結論：不論中小企業乃至於大企業，不論現場幹部或是經營者，都應依照本書革新重點方向，以及野沢先生多年來所蒐集的山田先生生產革新指導語錄，作為自主點檢及革新改善的最佳依歸，相信一定會有意想不到的成效。

切記：需「毅力」和「決心」！
要「革新」先「革心」！

目錄

part 1
準備篇　　　　　　　　　　　　　　　　001

part 2
現狀把握篇　　025

part 3
整流化篇　　　　　　　　　　041

part 4
看得見管理篇　　　083

part 5
物流改革篇　　　　　　　　　099

part 6
平準化篇   123

part 7

水平展開篇   **135**

part 8

結語   **153**

Part **1**

準備篇

1.1 公司經營與成本
企業的過去、現在和未來

工業革命

18 世紀中葉,英國人瓦特改良蒸汽機之後,由一系列技術革命引起了從手工勞動向動力機器生產轉變的重大飛躍。隨後自英格蘭擴散到整個歐洲大陸,19 世紀傳播到北美地區。

大量生產 —— 輸送帶作業

19 世紀,由於工具機的發展 (使金屬成形的車床式機器),透過採用標準部件和廣泛的分工,以低成本生產大量組件,現代概念的量產才開始蓬勃發展。

20 世紀初期,亨利・福特發揚了此生產方式,其 T 型車就是有名的例子。大量生產十分有名,因為這大大提高個別人員的生產力,因此能生產相當便宜的組件。

動作研究 —— 消除動作浪費的研究

吉爾佈雷思夫婦的動作研究是研究和確定完成一個特定任務的最佳動作的個數及其組合,弗蘭克・吉爾佈雷思 (Frank B. Gilbreth, 1868-1924) 被公認為動作研究之父。

科學管理 —— 同一時間對同一物品做同樣的作業

泰勒是第一位提出科學管理觀念的人,因此被尊稱為科學管理之父,他詳細記錄每個工作的步驟及所需時間,設計出最有效的工作方法,並對每個工作制定一定的工作標準量,規劃為一個標準的工作流程;將人的動作與時間,以最經濟的方式達成最高的生產量,因此又被稱為機械模式。

現在的企業

以前的賣方市場,是因為物資缺乏,生產出來的物品一定賣得出去的一種市場型態。現在物資充裕,過多的組件不但賣不出去,還會造成地球的汙染與破壞,這是令人厭惡的。

未來的企業

只在客戶需要的時候,提供客戶必要的組件與服務的一種體制,這是未來的趨勢。企業的發展,必須要以地球利益為優先 (物品或服務的再回收),這才是善盡社會責任、良好地球公民的責任。

成本主義：因為是賣方市場，所以只要在製造成本加上自己期待的利潤，就成了銷售價格。

價格主義：因為是買方市場，所以在市場接受的價格前提之下，扣除製造成本，即得到利潤。製造成本若太高，會減少利潤，甚至賠錢銷售。

利潤主義：因為是買方市場，所以在市場接受的價格前提之下，扣除公司一定要賺的利潤，得到製造成本。為了達成公司設定的利潤目標，無論如何也要降低成本。

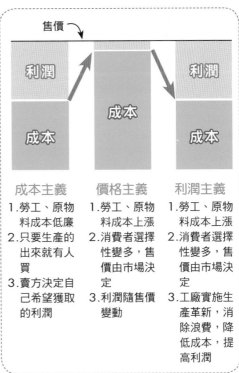

成本主義	價格主義	利潤主義
1.勞工、原物料成本低廉	1.勞工、原物料成本上漲	1.勞工、原物料成本上漲
2.只要生產的出來就有人買	2.消費者選擇性變多，售價由市場決定	2.消費者選擇性變多，售價由市場決定
3.賣方決定自己希望獲取的利潤	3.利潤隨售價變動	3.工廠實施生產革新，消除浪費，降低成本，提高利潤

市場狀況好的時候，消費者願意用較高的價格購買商品。市場狀況不好的時候，價格主義就行不通。削價競爭的結果，就是稀釋公司的利潤。

為了降低成本增加利潤，最重要就是消除作業活動中的浪費：只在客戶需要的時候，提供必要數量的良品，這是企業的責任。

1.3 公司經營與成本
成本 3 要素

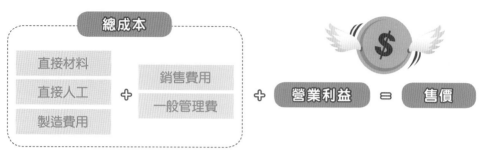

成本 3 要素指的是：直接材料、直接人工與製造費用。

👉 成本 3 要素與製造方法

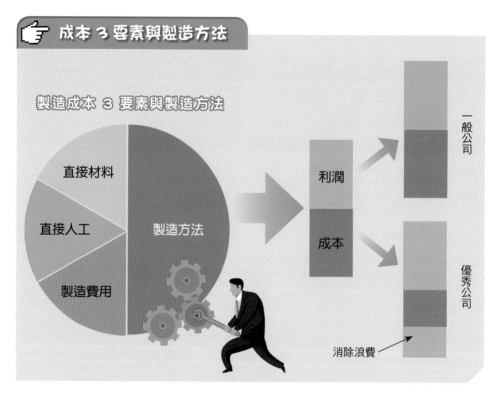

成本結構各公司的差異不大，製造方法隨公司不同而不同。
好的製造方法可以有效消除製造過程中的浪費，徹底降低製造成本。

1.4 公司經營與成本

成本 3 要素與豐田 7 大浪費

製造成本的 3 要素與
製造方法

- 直接材料
- 直接人工
- 製造費用
- 製造方法

豐田生產方式
7 大浪費

- 加工的浪費
- 搬運的浪費
- 動作的浪費
- 庫存的浪費
- 空手的浪費
- 品質不良的浪費
- 過量生產的浪費

豐田生產方式　7 大浪費

加工的浪費

庫存的浪費

搬運的浪費

品質不良重工的浪費

動作的浪費

空手的浪費

過量生產的浪費

徹底排除豐田 7 大浪費
成本 3 要素＋製造方法，

2.1 山田流 2 大浪費

山田流 2 大浪費

山田流 2 大浪費(3 項)浪費

動作、搬運的浪費

停滯的浪費

山田流就是將豐田生產方式的 7 個浪費,更精進及整合重點成 2 大浪費。

「何謂兩大浪費」

一、停滯的浪費:

    1. 機器停止

    2. 材料、庫存品停滯

    3. 三定管理:定品、定量、定位置

    超市:完成品放置 (生產的人管理),購入品放置 (買的人管理)

二、動作、搬運的浪費:

    動作、搬運浪費發生的原因:

    1. 工程間距離太遠→間距變小

    2. 專業分工→多能工化

    3. 糟糕的生產線平衡→ Cycle Time 嚴守、整流化

    4. 物品放置場所太遠→超市、冷藏庫的實施

動作、搬運的浪費

為什麼需要這樣搬運?

停滯的浪費

機械停止

機械沒產出物品

半成品庫存

2.2 山田流 2 大浪費
發現浪費

「發現浪費的第一步」

1. 站立現場 (否定現狀，每次訂一個改善主題的站立現場)

2. 在現場發現問題、在現場熟悉問題 (掌握現場)

3. 反覆問 5 個「為什麼」

4. 改善最重要的就是現場主義

「山田先生指導 ・ 某位股長的回憶」

　　山田先生要我站在職場，直到我發現問題所在才能離開。在眾多的部下面前，拼命注視著作業的情形。看似做得很好，看不出「什麼地方不好！」。縱使經過幾個小時，也沒看出問題的話是不被允許的。最後終於，勉勉強強想到了。拖著精疲力竭的雙腳去 (事務所) 向他報告。可是，那個人置若罔聞。「山田先生！」「嗯，是嗎？」──如此而已？！

　　就這樣，山田先生離開了。接著，經過幾小時之後，山田先生必定會再到現場。若有按照自己想法改正的話，就會乖乖離去；可是，若沒有的話，就會在眾目睽睽下，當眾指責，並且須找到兩個問題才能離開。

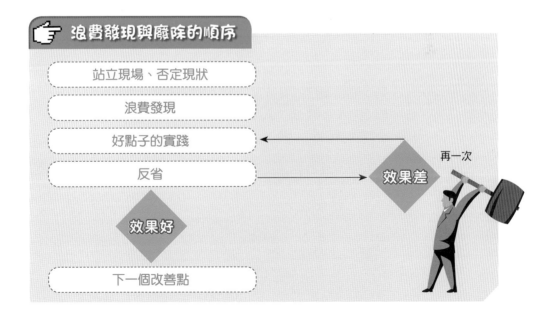

浪費發現與廢除的順序

站立現場、否定現狀

浪費發現

好點子的實踐

反省

效果差

再一次

效果好

下一個改善點

2.3 山田流 2 大浪費
現場作業的分類

現場作業區分為2類

動：無附加價值的作業，又區分為損失與浪費
働：高附加價值的作業

發現浪費＝熟悉現場作業

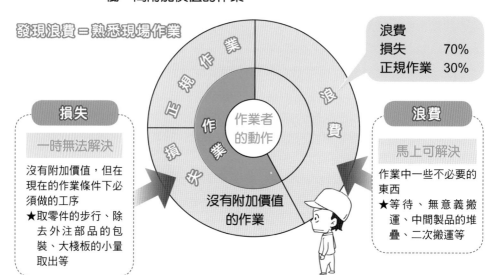

浪費
損失 70%
正規作業 30%

損失

一時無法解決

沒有附加價值，但在現在的作業條件下必須做的工序
★取零件的步行、除去外注部品的包裝、大棧板的小量取出等

浪費

馬上可解決

作業中一些不必要的東西
★等待、無意義搬運、中間製品的堆疊、二次搬運等

動 與 働

動：監視機台的等待是沒有附加價值的
働：1人2機 或 1人3機 是有附加價值的
一般企業的動：働 ＝ 7：3

3.1 5S
浪費排除的起點

★「浪費」排除的起點從 5S 開始

「整理」　區分出要與不要的物品、捨去不要的東西。

「整頓」　決定要的工具所要放置的位置，要使用時可以馬上找到。

「清掃」　經常打掃環境、保持整潔。

「清潔」　維持整理、整頓、清潔的環境。

「身美」　養成遵守規定的習慣。

👉 5S 的效果

5S的效果	使職場變得整齊明亮、安全。
	陳列清楚，易於發現需改善的地方。
	看得見庫存量，削除多餘的採購。
	乾淨的工作場所，讓員工更有工作氣氛。

整理　整頓　5S　清潔　清掃　身美

3.2 5S

整理整頓是 5S 的基礎

整理整頓 ＋ 顏色管理

連指導書的高度都要一致

3.3 5S

整理整頓是 5S 的基礎

整理整頓機械職場的5S

整齊明亮的工作職場

4.1 生產革新實踐與推進準備
生產革新的必要性 / 沿革

生產革新的必要性

　　所謂的現場改善，指的是培養一雙發掘浪費的眼睛，然後採取消除浪費的有效具體行動。

　　企業增加利潤有 2 種方法：

　　1. 提高售價

　　2. 降低成本

　　為了與客戶雙贏，我們不可能採取第一種方法。

　　生產革新與改革不同，它是藉由一連串持續不斷的發掘浪費、消除浪費，結合勇氣與行動力，達成企業獲利的目標。

　　藉由降低成本，取得客戶的支持，達成增加利潤的目標，這就是生產革新。

　　下圖是 A 社生產革新的沿革，經過習慣養成、風氣形成、模範職場建立、隨眾效應和差異擴大 5 個階段，最後達成與其他企業擴大差異的目的。

生產革新沿革

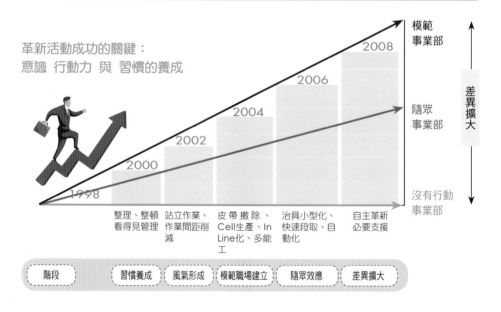

生產革新鐵三角

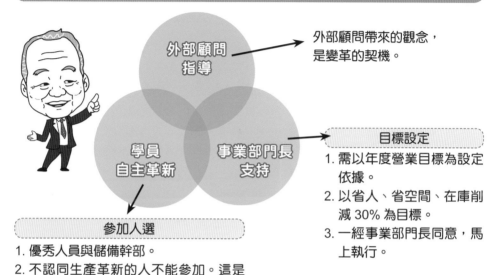

外部顧問
指導

外部顧問帶來的觀念,
是變革的契機。

學員
自主革新

事業部門長
支持

目標設定

1. 需以年度營業目標為設定
   依據。
2. 以省人、省空間、在庫削
   減 30% 為目標。
3. 一經事業部門長同意,馬
   上執行。

參加人選

1. 優秀人員與儲備幹部。
2. 不認同生產革新的人不能參加。這是
   未來經營者幹部的成長養成訓練,不
   能失敗,絕對要成功。
3. 要全員參與,間接單位不能置身事外。

革新推動組織

經營者 → 外部顧問 ─┬─ 總公司
                    │
                    ├─ 分工廠 ─┬─ 一廠
                    │   └─ 二廠
         統括事務局 │
                    └─ 海外工廠 ─┬─ 三廠
                                 └─ 四廠

4.3 生產革新實踐與推進準備

目標設定、實施計畫表作成

目標設定、實施計畫表作成

經營先從「結論」開始

當你讀一本書時，通常是從一開始讀到結尾。經營管理則相反，從結束到開始，為達成目標盡力做自己能做的事。所謂的經營，首先尋求「成果」，想出可以達成目標的方法並執行。我們通常認為只要努力，就可以達到目的，但是有些經營者連目的地在哪裡都不清楚。

首先做出的結論必須明確知道「必須做什麼」，實際行動並發揮領導能力。只是點頭同意「就這麼做吧」的人，應該會很多吧！但是我想會如此全身投入的經營者應該不會很多，常陷入反覆不定、不知道到什麼時候、應該到哪裡去等問題中徘迴，看不出任何成果。

「社長方針」：降低 30% 以上的成本

作為日本傳統的「和服」也隨著時代的改變，雖然沒有脱離和服的現象，但在縫製的成本上嚴厲的增加。像縫製浴衣這樣的廉價商品轉由中國來生產。日本正面臨著如何保留日本傳統技術，又能降低製作成本的挑戰。

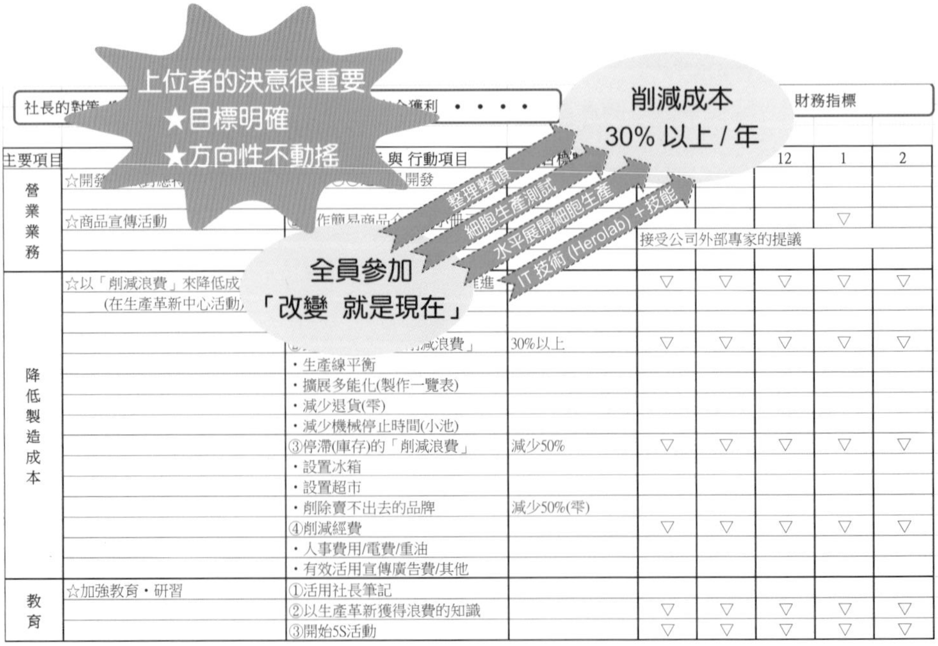

上位者的決意很重要
★目標明確
★方向性不動搖
削減成本
30% 以上 / 年
整理整頓
細胞生產測試
水平展開細胞生產
IT 技術 (Herolab) + 技能
全員參加
「改變 就是現在」

社長的對策 [illegible] 獲利 ・・・・ | 財務指標

主要項目	[illegible]	[illegible]與 行動項目	[illegible]目標	[illegible]	[illegible]	12	1	2
營業業務	☆開發[illegible]	[illegible]開發						
	☆商品宣傳活動	[illegible]作簡易商品[illegible]					▽	
				接受公司外部專家的提議				
降低製造成本	☆以「削減浪費」來降低成[illegible]	[illegible]進		▽	▽	▽	▽	▽
	(在生產革新中心活動)							
		[illegible]削減浪費」	30%以上	▽	▽	▽	▽	▽
		・生產線平衡						
		・擴展多能化(製作一覽表)						
		・減少退貨(零)						
		・減少機械停止時間(小池)						
		③停滯(庫存)的「削減浪費」	減少50%	▽	▽	▽	▽	▽
		・設置冰箱						
		・設置超市						
		・削除賣不出去的品牌	減少50%(零)					
		④削減經費		▽	▽	▽	▽	▽
		・人事費用/電費/重油						
		・有效活用宣傳廣告費/其他						
教育	☆加強教育・研習	①活用社長筆記						
		②以生產革新獲得浪費的知識		▽	▽	▽	▽	▽
		③開始5S活動		▽	▽	▽	▽	▽

年度營業目標設定

　　生產革新的目標必須與經營目標結合。

　　經營目標是財務參考新一年度的販售計畫，透過預算編列、利益試算，所擬定出來的利潤目標。不同組件與市場，會有不同的利潤目標。

　　製造單位為了達成利潤目標，必須由上而下展開經營目標至各製造單位。

　　製造單位為了達成目標，必須發掘單位現狀與目標的差異，然後透過生產革新的手法，擬定各製造單位的改善實施對策 (簡稱施策)，確保單位目標的達成，進一步確保利潤目標的達成。

　　所以生產革新與 C-TP 管理是達成經營目標的 2 個利器，彼此相輔相成。

　　下圖是 A 社年度目標方針、C-TP 管理、生產革新架構圖。

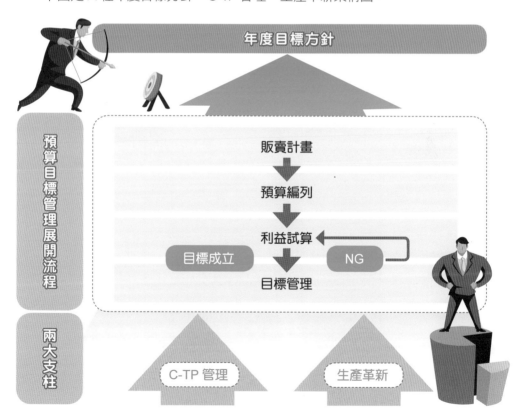

4.4 生產革新實踐與推進準備
年度營業目標設定 / C-TP 管理

C-TP 管理

TP 管理是 Total Productivity Management 的簡寫，他是由日本能率協會開發出來的手法。他的指標是朝向企業擁有的夢想，一面改善企業的體質，一面謀求顧客的滿足。

TP 管理的範疇大致區分：成本 (Cost)、品質 (Quality)、交期 (Delivery)、體質 (Body) 4 類。其中以成本 (Cost) 為主的 TP 管理，即是 C-TP。

下圖是 A 社 C-TP 管理的展開圖。他是以由上而下的目標展開，搭配由下而上的施策擬定，強調過程中的詳細管理，結合企業所有的經營資源，整合所有活動的方向，達成經營目標，滿足顧客要求。

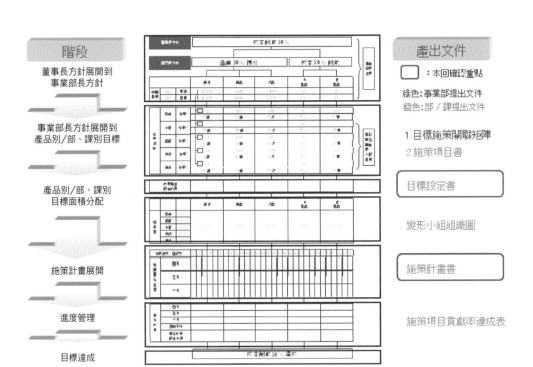

階段

- 董事長方針展開到事業部長方針
- 事業部長方針展開到產品別/部、課別目標
- 產品別/部、課別目標面積分配
- 施策計畫展開
- 進度管理
- 目標達成

產出文件

☐ ：本回確認重點

綠色：事業部提出文件
藍色：部 / 課提出文件

1. 目標施策關聯矩陣
2. 施策項目書

目標設定書

變形小組組織圖

施策計畫書

施策項目貢獻率達成表

革新目標與方向設定

每一期生產革新必須要設定達成目標、研修領域、實踐項目與革新方法。

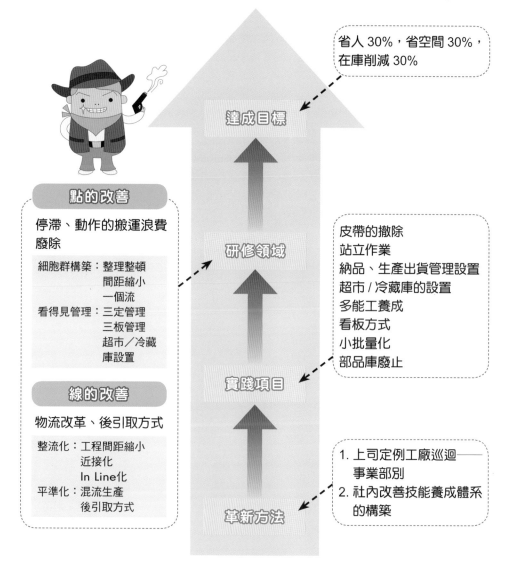

省人 30%，省空間 30%，在庫削減 30%

達成目標

點的改善

停滯、動作的搬運浪費廢除

細胞群構築：整理整頓
間距縮小
一個流
看得見管理：三定管理
三板管理
超市／冷藏
庫設置

研修領域

皮帶的撤除
站立作業
納品、生產出貨管理設置
超市／冷藏庫的設置
多能工養成
看板方式
小批量化
部品庫廢止

線的改善

物流改革、後引取方式

整流化：工程間距縮小
近接化
In Line化
平準化：混流生產
後引取方式

實踐項目

1. 上司定例工廠巡迴──事業部別
2. 社內改善技能養成體系的構築

革新方法

革新研修內容

每一期生產革新研修分為六回，為期半年。

內容區分：開校式、目標宣言、士氣訓練、講座、現場實技研修、發表會、結業式、交流會。

透過六回的生產革新實踐研修活動，來培育出心、技、體並重的種子學員。

👉 革新研修內容

| 第一回目 |
| 開校式　目標宣言　士氣訓練　講座　現場實技研修　發表會 |

| 第二回目 |
| 士氣訓練　講座　現場實技研修　發表會 |

| 第三回目 |
| 士氣訓練　講座　現場實技研修　發表會 |

| 第四回目 |
| 士氣訓練　講座　現場實技研修　發表會 |

| 第五回目 |
| 士氣訓練　筆記試驗　實技試驗　現場實技研修　發表會 |

| 第六回目 |
| 發表會　結業式（MVP選出）　交流會 |

5.3 生產革新實踐研修會啟動
革新目標宣言

革新目標宣言

目標宣言是在開校式上，以大聲自信及高昂的士氣，唸出自己的目標，表示改善團隊對改善目標的承諾。

下表是 A 社生產革新目標宣言標準格式，包含生產革新 3 大指標：省人、省空間、庫存削減。目標設定完成後，需經單位主管核准。

下圖是 A 社某專案革新目標宣言，結合年度目標、專案目標與 C-TP 管理。

		課長		研修生			
職場名：							
		省人		省 SPACE		庫存削減	
		30%		30%		30%	
宣言	現況	100	人	1500	m²	5	天
	目標 I	30	人	450	m²	1.5	天
實	5 月	10	人	200	m²	0.3	天
	6 月	3	人	0	m²	0	天
	7 月	5	人	300	m²	0.8	天
	8 月		人		m²		天
績	9 月		人		m²		天
合計		18	人	500	m²	1.1	天
實績－目標		-12	人	50	m²	-0.4	天

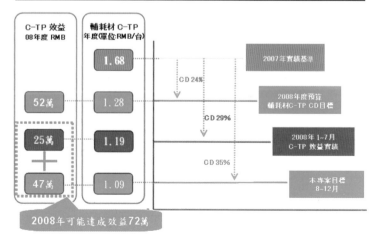

5.4 生產革新實踐研修會啟動

開校式 / 士氣訓練

開校式

士氣訓練

5.5 生產革新實踐研修會啟動
講座

講座-1

講座-2

現場實技研修-1

現場實技研修-2

5.6 生產革新實踐研修會啟動

現場實技研修 / 發表會

現場實技研修-3

發表會

Date _____/_____/_____

Part **2**

現狀把握篇

1.1 現狀把握流程圖
現狀把握流程圖

現狀把握流程圖

1. 現場診斷時，調查必要參數，繪製流程圖。

2. 下圖是以時間為主軸，呈現 A 社成型換模的 Flow Chart。

3. 從 Flow Chart 我們發現現狀：外部換模時間：2160"，內部換模時間：1945"，調機時間：700"。

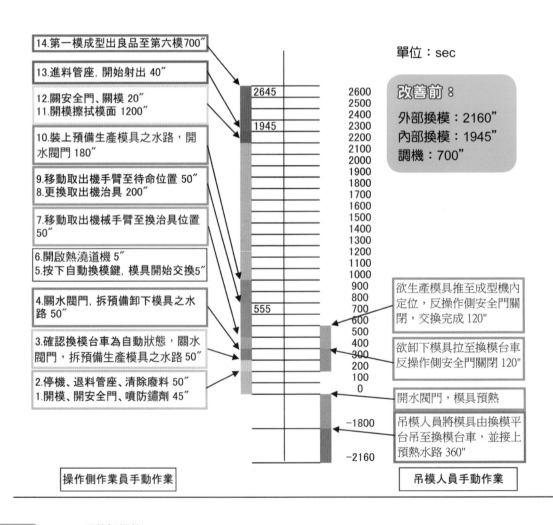

14.第一模成型出良品至第六模700″

13.進料管座，開始射出 40″

12.關安全門、關模 20″
11.開模擦拭模面 1200″

10.裝上預備生產模具之水路，開水閥門 180″

9.移動取出機手臂至待命位置 50″
8.更換取出機治具 200″

7.移動取出機械手臂至換治具位置 50″

6.開啟熱澆道機 5″
5.按下自動換模鍵，模具開始交換5″

4.關水閥門，拆預備卸下模具之水路 50″

3.確認換模台車為自動狀態，關水閥門，拆預備生產模具之水路50″

2.停機、退料管座、清除廢料 50″
1.開模、開安全門、噴防鏽劑 45″

單位：sec

改善前：

外部換模：2160″
內部換模：1945″
調機：700″

2645

1945

555

2600
2500
2400
2300
2200
2100
2000
1900
1800
1700
1600
1500
1400
1300
1200
1100
1000
900
800
700
600
500
400
300
200
100
0
-1800
-2160

欲生產模具推至成型機內定位，反操作側安全門關閉，交換完成 120″

欲卸下模具拉至換模台車反操作側安全門關閉 120″

開水閥門，模具預熱

吊模人員將模具由換模平台吊至換模台車，並接上預熱水路 360″

操作側作業員手動作業

吊模人員手動作業

2.1 從表準作業到標準作業
表準作業作成之手順 / 標準作業 3 要素

表準作業作成之手順

「製作表準作業之標準作業書」

　　作業改善的基準是將作業的現況與實際的操作方式「據實」呈現出來。

　　將所要使用的「設備或裝置」、「作業順序」、「時間」等條件清楚後，找出問題點來是改善的第一步，製作作業標準書程序如下：

① 實際觀察作業內容以「表準作業」來製作標準作業書。

② 以表準作業為基礎，再次確認並實際操作作業內容。

③ 找出表準作業內容裡難以執行或浪費的部分，制定「表準作業」。

④ 反覆操作 (1) ～ (3) 的過程，擬定「標準作業」。

　　作業狀況可以用錄影或是用數位相機做記錄，重複播放影片來觀察作業內容後製作標準作業書，此方法可幫助正確的掌握實際狀況。

標準作業3要素

「標準作業的 3 要素」

　　當我們作業時其最重要的是製造產品實際的工時，「每一個產品需要幾分幾秒來製作？」

　　接著是此產品的製造方法，用什麼方式來做最好。

　　其次所謂的「標準存貨量」則是在作業中，為了使加工不中斷所設定的最小半成品量，以下為「標準作業 3 要素」：

① 循環週期＝每一個製品、零件、製造工時為幾分幾秒？

② 作業順序＝每一個製品、零件的作業標準。

③ 標準存貨量＝工程內需要的最小半成品量。

2.2 從表準作業到標準作業
標準化改善循環 / Cycle Time 計算方式

標準化改善循環

標準作業是改善的起點，他隨改善而修訂，隨產量而改變。

發掘理想與實際的差異，透過改善，不斷更新標準的過程，即是標準化的改善循環。

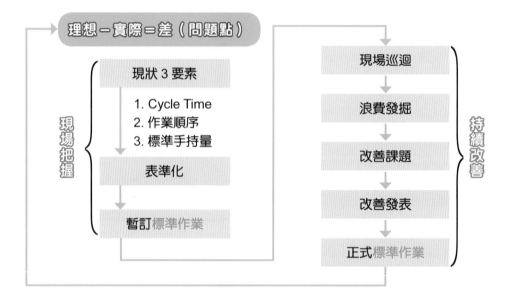

Cycle Time 計算方式

Cycle Time 計算方式
(1) 計算 1 日生產必須達到的數量
(2) 算出 Cycle Time 的方式

$$1 日必須生產量 = \frac{1 個月的必須生產量}{1 個月的稼働日數}$$

$$Cycle\ Time = \frac{1 日的稼働時間}{1 日必須生產量}$$

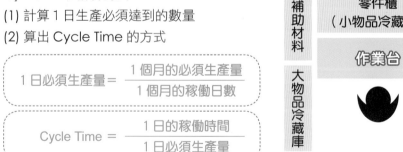

透過標準作業進行改善

以下是 A 社組件線案例：

透過標準作業進行改善

1. 掌握現狀能力

 (1) 瞭解現狀 (作業順序文件化)

 (2) 量測 A,B,C,D 的作業時間

 (3) 重新分配等待時間 (D)

為了改善，你需要削減 12 秒
(削減 D 的作業)

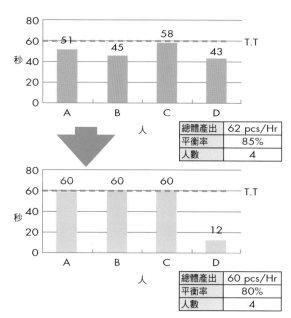

總體產出	62 pcs/Hr
平衡率	85%
人數	4

總體產出	60 pcs/Hr
平衡率	80%
人數	4

2. 消除浪費

 執行個別的改善，以標準作業為基礎，對 A,B,C,D 的作業內容進行平衡

 走動的浪費 (從一個工作站走到另一個工作站)
 看看部品如何放置？工作桌的位置是否合理？

 作業變異
 看看姿勢與動作是否合理？

 手部動作
 看看部品如何配置？
 設備開關的位置是否合理？

 改善
 確認淨時間是否能被縮短？
 能否解決不平衡？

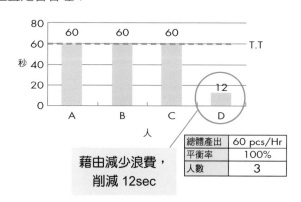

藉由減少浪費，
削減 12sec

總體產出	60 pcs/Hr
平衡率	100%
人數	3

2.3 從表準作業到標準作業

透過標準作業進行改善

3. 提高生產力

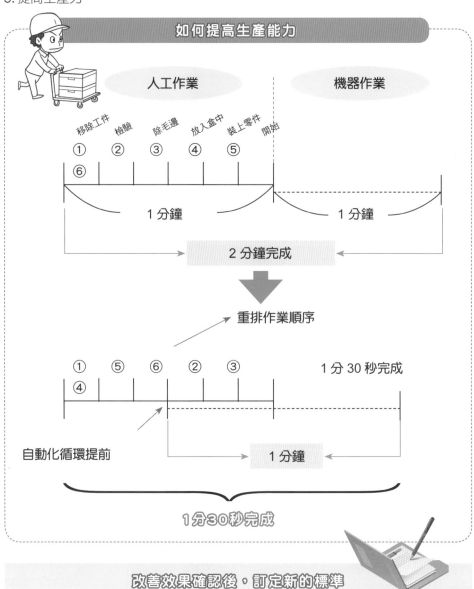

如何提高生產能力

人工作業　　　　　　　　機器作業

移除工件　檢驗　除毛邊　放入盒中　裝上零件　開始
① ② ③ ④ ⑤
⑥

1 分鐘　　　　　　1 分鐘

2 分鐘完成

重排作業順序

① ⑤ ⑥ ② ③　　　　1 分 30 秒完成
④

自動化循環提前　　　　　　1 分鐘

1分30秒完成

改善效果確認後，訂定新的標準

企業的目的

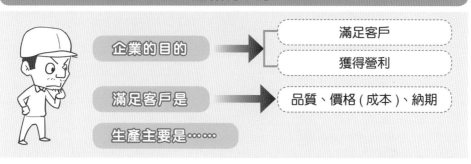

企業的目的 ➡	滿足客戶
	獲得營利
滿足客戶是 ➡	品質、價格 (成本)、納期
生產主要是……	

現場活動＝浪費排除

削除浪費的順序

| 降低成本 ➡ | 製造部門 ➡ | 業務部門 ➡ | 外包商、客戶、採購處 |
| 點 ➡ | 線 ➡ | 面 | |

企業機能概念整理

企業活動 組織部室 機能	產品企劃 技術企劃 產品企劃	產品設計 繪圖 設計 實驗	生產準備 生產企劃 生產技術	採購 採購管理 採購	製造 總公司 分工廠	販售 海外業務 國內業務	◎關係大 ○有關係 △關係小
品質	◎	◎	◎	◎	◎	◎	→
成本	◎	○	◎	◎	◎	○	→
技術	○	◎	◎	△	△	○	→ 機能別管理
生產	△	○	◎	△	◎	○	→
業務	◎	○	△	△	○	◎	→
人事、行政	○	○	○	○	○	○	→

部門別管理

改善活動的組成

改善活動是從製造部門開始，連結銷售部門、管理部門與供應商，是點→線→面的組成。

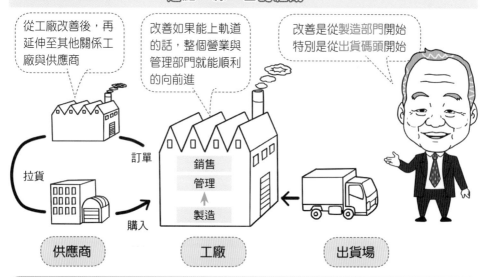

> 從工廠改善後，再延伸至其他關係工廠與供應商

> 改善如果能上軌道的話，整個營業與管理部門就能順利的向前進

> 改善是從製造部門開始特別是從出貨碼頭開始

訂單
拉貨
銷售
管理
↑
製造
購入

供應商　　　　**工廠**　　　　**出貨場**

企業活動的目標

企業的活動就是品質保證與成本管理

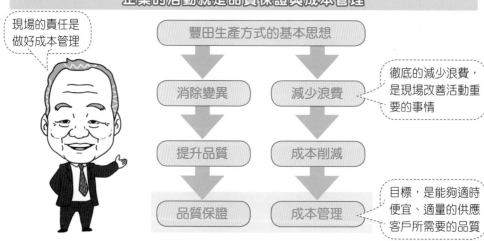

> 現場的責任是做好成本管理

豐田生產方式的基本思想

消除變異　　　減少浪費

> 徹底的減少浪費，是現場改善活動重要的事情

提升品質　　　成本削減

品質保證　　　成本管理

> 目標，是能夠適時便宜、適量的供應客戶所需要的品質

發現浪費手法的比較

豐田生產方式 ➤ 現場主義 ➤ 現場發現問題，立即改善

IE/QC手法 ➤ 分析手法 ➤ 數據反映問題，分析根因

豐田生產方式的改善順序

**工程改善
(物流改善)
停滯浪費的排除**

庫存是罪惡
工程間的不連續與等待的浪費，是造成庫存主要的原因。
工程改善的目的，就是讓產品流動起來，消除庫存與等待的浪費。

⬇

**作業改善
(人流改善)
動作浪費的排除**

現場作業中，沒有附加價值的作業，應立刻加以改善。
動作與運搬的浪費，是現場最常見的2種人員作業的浪費。
作業改善的方法，就是到現場去。

排除浪費 ➤ 重新分配作業 ➤ 減少人員

⬇

**治工具/設備改善
(最後手段)**

設備改善是最後的手段，理由如下：
1. 設備改善需要花錢。
2. 設備改善如果發現效果不彰，所投資的金額，將全部損失掉。
3. 沒有完成作業改善之前就導入設備改善，失敗的可能性很大。
　　例如：材料管理沒做好的現場，就將沖床自動化，將立即混入別
　　的材料，導致模具與自動裝置的損壞。結果為了解決混料
　　的問題，沖床旁邊再配置一個人去看管，如此，仍然無法
　　消除浪費。

切記！豐田生產方式二個重要的用語

稼働率：在一日固定的時間內，機器使用了多少
　　　　時間製造產品，而所占的時間比率。

$$= \frac{機器目前的生產實績(個/日)}{機器全面生產時的產能(個/日)} \times 100\%$$

可動率：機器設備如果需要生產的時候，
　　　　隨時可以啟動狀態占所有的比率。

$$= \frac{機器正常稼働的次數}{期望機器稼働的次數} \times 100\%$$

5.2 再談山田流 2 大浪費
山田流 2 大浪費 / 人邊自働化改善

山田流 2 大浪費（製造現場常見的浪費）

動作、搬運的浪費

動作編

1. 工程間的生產線平衡
2. 作業者的步行數
3. 部品、工具多久更換一次
4. 部品的取放次數
5. 轉身的次數
6. 一括作業
7. 取部品的實態
   - 作業台和部品箱的間隔太長
   - 部品箱太深，取放不便
   - 順序良好一致的取放部品
   - 雙手同時取放
8. 作業桌上(空間利用率)
   - 工具位置、作業者的間隔
   - 工具占桌面比例

搬運編

1. 有採取後工程引取嗎？
2. 有計算工廠全體的搬運距離？
3. 有區分部品、空箱的搬運？
   - 搬運方法一人一台？有連結？
   - 空箱有按業者別做區分嗎？
4. 貨櫃碼頭
   - 交貨納入有被平準化嗎？
   - 貨櫃的容積效率
   - 貨櫃的上下貨效率(出貨管理板)
5. 宅配、定期的運送，價格有去交涉看看嗎？

停滯的浪費

停滯編

1. 作業者間的停滯狀況知道嗎？
   - 台數、一個流、推式生產
2. 工程間的停滯狀況知道嗎？
   - 下工程送付的頻率
3. 第2冷藏庫的量知道嗎？
4. 台車、棚架的量知道嗎？
5. 內部、外部倉庫的量知道嗎？
6. 納入批量大小知道嗎？
7. 冷藏庫、超市以外的量知道嗎？(試作品、暫停生產)

移動 20cm：1 秒，走 1 步：0.8 秒，轉身 90º：0.6 秒 (別輕忽了這些浪費)

人邊自働化改善

有必要搬到那麼遠嗎？

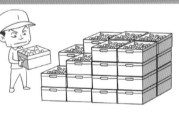

避免做沒有附加價值的作業

動作、搬運浪費與人工作業息息相關。簡言之，他指的是不會產生附加價值的人工作業與機器、設備的作業。這一類的改善，即是人邊自働化的改善。

5.3 再談山田流 2 大浪費

浪費削減的 3 大要領

落實浪費削減 3 大要領

1. 減少取放：主要是運用細胞生產，減少取放浪費，落實多能工，生產人力縮減。
2. 縮短距離：主要是運用動作分析與工作站布置，縮短取放距離。
3. 小容器化：將容器縮小，縮小作業域，實現多能工。

浪費削減3大要領

1. 減少取放　2. 縮短距離　3. 小容器化

取放作業 10%
取放時間 3 秒
作業時間 30 秒

取放作業 5%
取放時間 3 秒
作業時間 60 秒

效率 UP 5%

1. 減少取放

2. 縮短距離

★移動 20cm 需要 1 秒
★彎腰需要 1 秒
★走動一步需要 0.8 秒
★轉身 90 度需要 0.6 秒

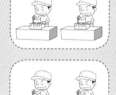

容器小型化的目的是
作業域縮小

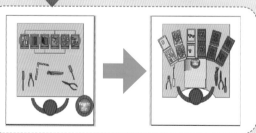

3. 小容器化

5.4 再談山田流 2 大浪費
動作、搬運浪費案例

動作、搬運浪費案例

組裝職場、取放距離過遠、動作的浪費

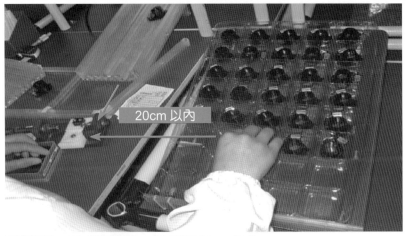

20cm 以內

標準作業：(1) 近取遠放、(2) 取放 20cm 以內

組裝職場、減少更換筆刷的次數、利用重力墜送、
減少取放的距離、動作浪費削減

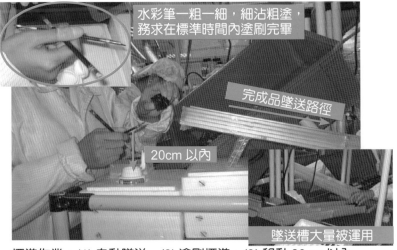

水彩筆一粗一細，細沾粗塗，
務求在標準時間內塗刷完畢

完成品墜送路徑

20cm 以內

墜送槽大量被運用

標準作業：(1) 自動墜送、(2) 塗刷標準、(3) 移動 20cm 以內

5.5 再談山田流 2 大浪費

動作、搬運浪費案例 / 停滯浪費案例

動作、搬運浪費案例

加工職場、過多在製品、重複搬運與整理

停滯浪費案例

加工職場、輸送帶已滿、人員等待

動作、搬運浪費案例

組裝職場、取放距離縮短、動作浪費削減

停滯浪費案例

組裝職場、庫存品過多、停滯浪費

這一堆部品：
①從哪來 (誰送來 / 何時來) ？
②到哪去 (誰送去 / 何時送) ？
③有多少 (幾 Hrs 量) ？
④最大量 / 最小量？
⑤冷藏庫還是超市？

①庫存太多
②二小時引取可能
③超市、冷藏庫設置
④堅實物流引取體質，才有機會與外注廠
　商、客戶，談判進一步的物流供應模式

動作、搬運浪費案例

資材倉庫，人員，動作、搬運浪費

停滯浪費案例

組裝職場、標準在製手持量、停滯浪費削減

Part **3**

整流化篇

1.1 好球帶——超出好球帶都是浪費
好球帶的概念

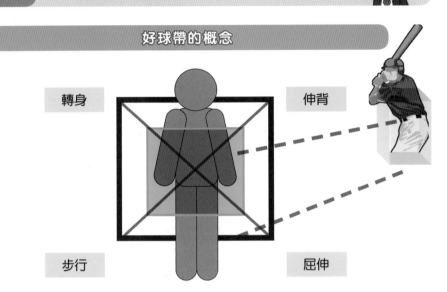

好球帶的概念

轉身　　　　　　　伸背

步行　　　　　　　屈伸

關　鍵

★20cm　　　➡　1.0 秒
★1　　步　　➡　0.8 秒
★90°　轉身　➡　0.6 秒

需知道哪怕 1 秒也是很珍貴，意識與顯著的改善相連。

動作經濟的 4 大原則

① 減少動作的次數。
② 同時進行操作。
③ 縮短動作的距離。
④ 輕鬆的操作作業。

　　如同上述的道理一樣，在我們工作的現場裡如上面說的關鍵，數據化後較容易幫助記憶，這也是我推崇山田流的原因。具體來說，就是要找出在適當作業範圍以外的動作，並改善這些動作。在範圍外（黑色）➡ 適當的範圍（藍色）。這就是好球帶（棒球專門用語）。

好球帶的概念

圖 1　動作品質和作業點的動線

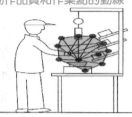
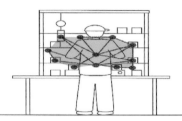

圖 2　動作品質改善表

動作品質改善表 (組裝)												工程名：								
部品名		①	②	③	④	⑤	⑥	⑦	⑧	⑨	⑩	改善日程								
		作業步驟											4月				5月			
動作品質												1w	2w	3w	4w	1w	2w	3w	4w
移動距離	移動距離	100mm以下		○		○		○		○	○	○	Ⓐ							
		100～200	○		○	↑		○		↑				Ⓑ						
		200～300	↑			Ⓑ	↑		○	Ⓔ					Ⓒ					
		300～500	Ⓐ				Ⓓ											Ⓓ Ⓔ		
		500mm～					↑													
							Ⓒ													
作業更簡單的	取りやすさ		△				×	△						⑤				① Ⓔ		
	セットしやすさ			△				×						⑦				②		
	組付けやすさ				△				×									⑨ ④		
	確認のしやすさ																			

好球帶

右圖為加工職場，
好球帶範例。

僅靠眼睛的作業

20 cm 以內的取放

1.2 好球帶──超出好球帶都是浪費
作業間距縮小

縮小間距－1

縮短作業員間的距離
（縮短至作業員之間可以碰到肩膀的距離）

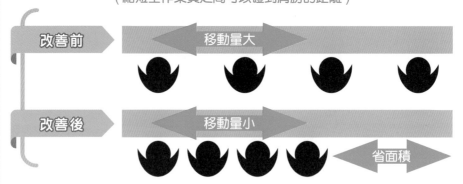

改善前	移動量大
改善後	移動量小　　省面積

縮短製品間移動的距離可以提高效率。全體作業區域也可以縮小。
當產能增加時，就可以擠出需要的面積來作業，這就是省面積。

縮小間距－2

讓工程之間更接近

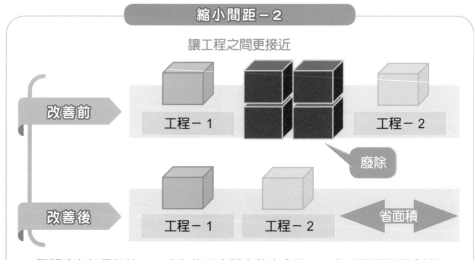

改善前　工程－1　工程－2　廢除

改善後　工程－1　工程－2　省面積

工程間庫存如果能縮小，庫存放置空間自然也會變小，此時搬運距離會縮短，
作業變得更輕鬆，面積也被節省出來了。

1.2 好球帶──超出好球帶都是浪費
作業間距縮小

下圖為某組裝職場，縮小工作站間距的改善案例。

改善前

1. 這樣的上下工作站間取放距離太長了！
2. 兩站之間要有定點取放，定點不要離上下站太遠。

改善後

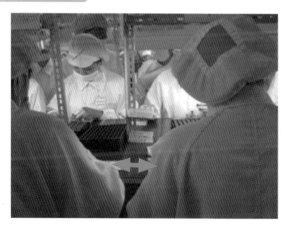

◆定點取放的好處：
1. 眼睛不用看都能放。
2. 雙手可同時取放。
3. 如果工程平衡，可減少一次取放，也可降低一台半成品，一站一台，十站十台。

2.1 近接化、同期化、In Line 化
近接化、同期化、In Line 化概念

在工廠，生產活動中顯然存在著工程間的浪費〔(1) 工程間的庫存浪費；(2) 搬運的浪費〕，尋求近接化、同期化，或 In Line 化的改善，是整流化的方法之一。具體來說，在複雜工廠內的格局中，工程間有一段距離，搬運距離長且庫存量多。還有合作工廠的訂單送往迎來的很多，工程之間就像乒乓球來回一樣。

這些基本的改善措施是：

(1) 設 U 字型的開口，讓進出口距離縮短。

(2) 物品的流動依人的動線來做設計，以減少浪費。

(3) 依節拍時間生產。

(4) 建議穩定生產與多能工化。

可預期的效果：

(1) 消除等待時間→活用人員。

(2) 消除生產線間的半成品。

(3) 消除生產線間搬運及做好生產管理。

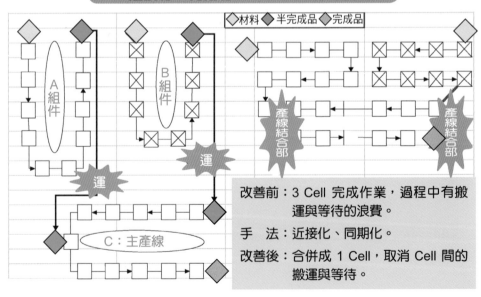

近接化、同期化、In Line 化範例

◇材料 ◆半完成品 ◇完成品

改善前：3 Cell 完成作業，過程中有搬運與等待的浪費。

手　法：近接化、同期化。

改善後：合併成 1 Cell，取消 Cell 間的搬運與等待。

下圖為某組裝職場，工程近接化、同期化、In Line 化案例。

改善前：為工程別布置，1Set 包含 A 工程 4 組、B 工程 2 組、C 工程 1 組。

透過工程近接化與同期化，串接 A 工程、B 工程、C 工程。

改善後：面積節省 40%。

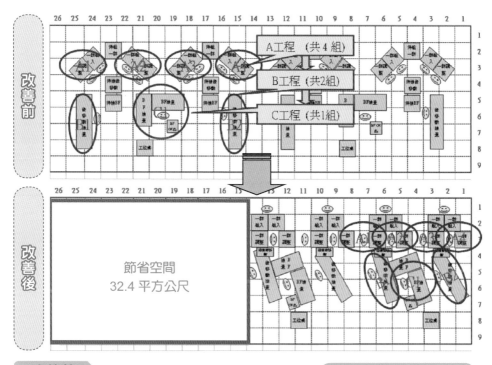

改善前
占地面積：0.6×0.6×9×25=81平方公尺
作業人數：22人
工位桌數量：32張

改善後
占地面積：0.6×0.6×9×15=48.6平方公尺
作業人數：18人
工位桌數量：20張

改善效果

省空間：32.4 平方公尺

省人：4 人

省作業桌：12 張

效率 UP：16.22 %

2.3 近接化、同期化、In Line 化
加工工程近接化、同期化、In Line 化案例

下圖為某加工職場，工程近接化、同期化、In Line 化案例。

改善前：為工程別布置，成型、生管入庫、上塗裝治具。

透過工程近接化與同期化，串接成型、上塗裝治具，取消生管入庫。

改善後：人員節省 30%。

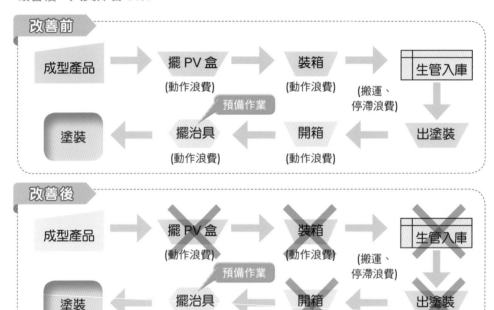

改善前

成型產品 → 擺 PV 盒 (動作浪費) → 裝箱 (動作浪費) → (搬運、停滯浪費) 生管入庫

塗裝 ← 擺治具 (動作浪費) [預備作業] ← 開箱 (動作浪費) ← 出塗裝

改善後

成型產品 → ~~擺 PV 盒~~ (動作浪費) → ~~裝箱~~ (動作浪費) → (搬運、停滯浪費) ~~生管入庫~~

塗裝 ← 擺治具 (動作浪費) [預備作業] ← ~~開箱~~ (動作浪費) ← ~~出塗裝~~

成型機輸送帶

塗裝治具架

改善效果：
1. 年度累計實施部品 185 點，生產 2,830 萬 pcs。
2. 共省人：48.6 人 / 年。
3. 省金額：3,359,232 元 / 年。

近接化、同期化、In Line 化
加工工程同期化優秀案例

下圖為某加工職場，工程同期化案例。

改善前：車削區、鑽切區和出貨檢查區間，人員走動多，取放搬運多。

改善後：透過工程同期化，運用輸送帶，串連車削區、鑽切區和出貨檢查區，減少人員走動與取放。

改善效果：人員節省 20%。

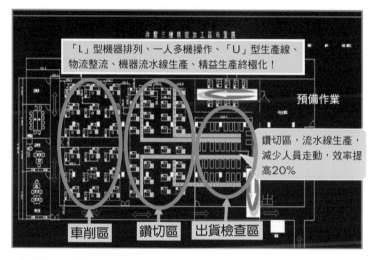

「L」型機器排列、一人多機操作、「U」型生產線、物流整流、機器流水線生產、精益生產終極化！

預備作業

鑽切區，流水線生產，減少人員走動，效率提高20%

車削區　鑽切區　出貨檢查區

3.1 生產線平衡
生產線平衡概念

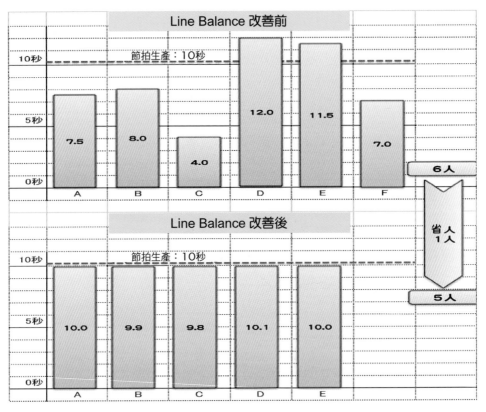

★顯示出各工程的生產能力,有效率地組織成生產線。

如上圖,試著測量各工程 (A,B,C…) 的 Line Balance,會發現各工程作業的時間七零八落。

這個結果告訴我們,有些人在等待工作,有些人假裝工作很多做不完的樣子(因半成品過多容易產生停滯),使生產線沒有節拍生產。

為了改善這樣的狀況,以每節拍 10 秒來取得生產線平衡才能提高效率。

得到的結果是,6 個人的工作可以整合由 5 個人來做,能夠節拍生產並提高品質與作業員的工作士氣。

目前這個方法成功的案例很多,所以我推薦你們可以立即挑戰。

3.2 生產線平衡
生產線平衡案例 (組裝職場)

業種 / 工程	農業用機械 / 組裝	36 台	一日生產數量
Cycle Time (限主產線)	35.44 分	生產線型輸送帶	生產方式

　　在改善農業用機械的組裝作業前，以碼表計測 5 人的作業實況得到的測量結果如下表。Line Balance 並不好，顯然可見一部分的人很忙碌，卻也有些人閒置的異常現像。

改善前

改善前：掌握實況 (4/30)
測量道具：碼表
時間單位＝分

輸送帶

❶ ❷ ❸ ❹ ❺

	工程 1	工程 2	工程 3	工程 4	工程 5	合計
計測	10.21	6.18	10.00	5.35	3.70	35.44

改善後

改善後：掌握實況 (6/29)
測量道具：碼表
時間單位＝分

輸送帶

❶ ❷ ❸ ❹

	工程 1	工程 2	工程 3	工程 4	工程 5	合計
計測	6.80	7.70	7.86	7.00	省人	29.36

　　Line Balance 的最終結果，經過第 3 次的改善後，終於組織出分工平衡的生產線。以「多能工」養成，排除動作浪費，在前工程 (塗裝) 設置冷藏庫，並採取「後工程引取」，減少不必要的庫存空間，挪出更多的生產空間，取得了很大的成果。

★成果：省人 1 名（**35.44 － 29.36 ＝▲ 6.08**）：提高 **17.2%** 效率

3.3 生產線平衡
生產線平衡案例 (機械加工職場)

下圖為某成型二次加工職場，生產線平衡案例。

改善前：作業員 10 名，平衡率 68%，工作站間充斥著等待的浪費，包含人與物的等待。

運用 E、C、R、S (刪除、合併、重組、簡化) 的手法，刪除不必要的動作浪費，透過工作站的合併，削減等待的浪費。

改善後：作業員 8 名，平衡率提升至 82%，人均產能從 44pcs/ 時，提升至 54pcs/ 時。

生產線平衡改善時，需在滿足節拍生產的前提下實施。

改善前

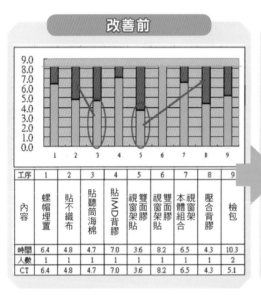

工序	1	2	3	4	5	6	7	8	9
內容	螺帽埋置	貼不織布	貼聽筒海棉	貼IMD背膠	雙面膠視窗架貼	雙面膠視窗架貼	本體視窗組合	壓合背膠	檢包
時間	6.4	4.8	4.7	7.0	3.6	8.2	6.5	4.3	10.3
人數	1	1	1	1	1	1	1	1	2
CT	6.4	4.8	4.7	7.0	3.6	8.2	6.5	4.3	5.1

改善後

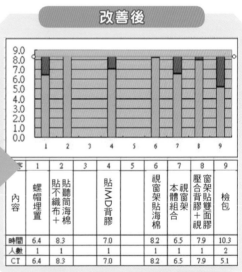

序	1	2	3	4	5	6	7	8	9
內容	螺帽埋置	貼不織布＋貼聽筒海棉		貼IMD背膠		視窗架貼海棉	本體視窗組合	窗架貼雙面膠＋視窗壓合背膠+視窗	檢包
時間	6.4	8.3		7.0		8.2	6.5	7.9	10.3
人數	1	1		1		1	1	1	2
CT	6.4	8.3		7.0		8.2	6.5	7.9	5.1

	單 位	改善前	改善後	%
投入人數	人	10	8	↓ 20%
平衡率	%	68%	82%	↑ 20%
總體產出	pcs/ 時	439	432	↓ 2%
人均產能	pcs/ 人	44	54	↑ 22%

3.3 生產線平衡

生產線平衡案例 (機械加工職場)

下圖是某機械加工職場生產線平衡範例。

1. 使用 Line Balance 分析表 (圖 1)，測定各工程工時，一個工程測定 5~10 回。
   各工程取 Max, Ave, min 3 值，繪製如下 (圖 1)。

2. Max-min 差異大的工程，以流水線工程動作分析表 (圖 2)，進行移動距離與
   動作浪費的分析。

3. 設定改善後標準線，開始進行改善，並追蹤改善效益。

【分析手順】工程別作業觀測 ➡ 測定一覽表作成
➡ Max&Min改善點抽出 ➡ 改善後標準線預測 (P/T)
事例: (一個工程測5~10回,測定表作成Line化)

改善前標準:13秒　改善後標準:11秒　效果:15.4%

Line Balance分析表

時間 \ 工程	× 2 ①	× 1 ②	× 1 ③	× 1 ④	× 1 ⑤	× 1 ⑥	× 1 ⑦	× 1 ⑧
	煉匣 *2	投入	蓋板	焊接	羽根	ND	特性	外觀
Max:	13.78	18.3	21.1	15.96	18.69	13.5	18.5	10.5
Min:	12.24	11.4	17.1	14.97	15.66	7.9	14.9	6.8
Ave:	13.1	13.826	18.572	15.56	16.882	10.56	17.28	8.8

工數 \ 工程	× 2 ①	× 1 ②	× 1 ③	× 1 ④	× 1 ⑤	× 1 ⑥	× 1 ⑦	× 1 ⑧

改善前標準線

改善後標準線

圖1

【原理原則】動作經濟原則 ➡ 動作浪費排除
➡ 取拿距離縮短

流水線工程動作分析表

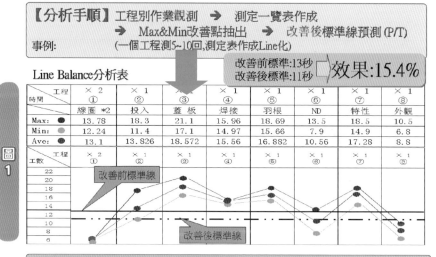

動作的浪費

20cm : 1秒
一步 : 0.8秒
轉身90° : 0.6秒

圖2

部品名 \ 動作分析		綿圈	唯枕	轉臂	驅動轉臂	地板	羽根A	仕切板	ND半成品	壓板
移動距離	10cm以下	●	●	○	○		○	○	●	
	10~20cm		B			○				
	20~30cm	A							A	
	30~50cm									
	50cm以上									
取拿方便									△	
放置方便										
組裝方便			△			△	△		△	
檢查方便										

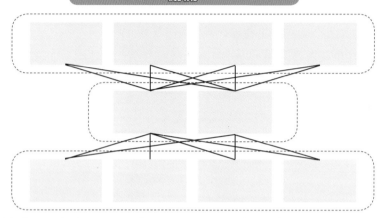

亂流

設備與人員沒有按照加工順序排列，造成產線停滯或超前。
- 管理：機械別、工程別
- 設備配置：以設備為中心的配置
- 掌握工序的方法：水平生產

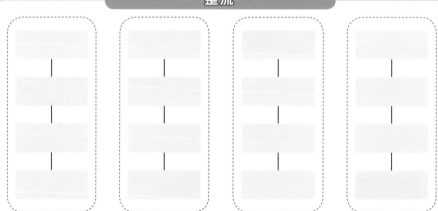

整流

設備與人員按照加工順序排列，使產線更加流暢。
- 管理：產線別
- 設備配置：以物流為中心的配置
- 掌握工序的方法：垂直生產

4.2 從亂流到整流
ABC 管理（大、中、小批量）

在庫存管理或商品訂購、販賣管理等，ABC 管理（重點管理）是為了能清楚要素項目的重要性或優先順序所使用的分析手法。

可以使用柏拉圖作為管理的工具，柏拉圖會依照生產量的大小，來排列 A、B、C 三個順序。

此時，以下圖生產管理業務的「生產量」來進行說明。

下圖是以直方圖來表示，大批量生產為 A 體積、中批量為 B、小批量為 C，各別針對不同的批量，使用不同的管理方式。

如依每個庫存品總統計，結出庫存的金額，再依金額的大小順序排列，找出管理重點。

此外，將零件物品依照體積大小順序排列出來，調查倉庫的使用面積比率有多少，研究對應策略也可以好好運用此方法。

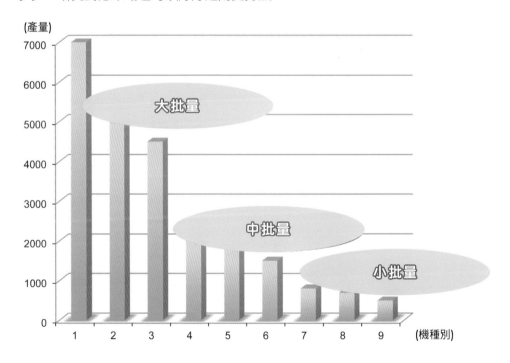

4.3 從亂流到整流
整流化進行的方法

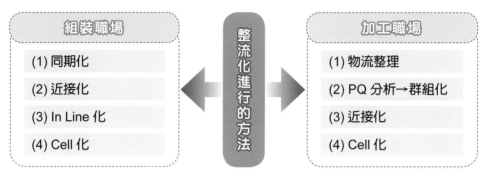

組裝職場	整流化進行的方法	加工職場
(1) 同期化		(1) 物流整理
(2) 近接化		(2) PQ 分析→群組化
(3) In Line 化		(3) 近接化
(4) Cell 化		(4) Cell 化

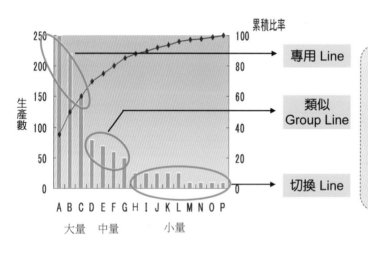

1. 運用 P-Q 分析圖，將需求數量區分：大量 (專用 Line)、中量 (類似 Group Line)、小量 (切換 Line)。
2. 大量：以 1 個流為目標；小量：以混流、快速換線為目標。

👉 **加工職場進行要點**

(1) 大量：每日生產，專用線，追求 1 個流。
(2) 中量：每週生產，類似 Group Line。
(3) 小量：每月生產，切換 Line，以混流為目標。

★勿淪為機能別的生產配置，管理重點如下：
1. 設備、治工具、模具等，需予以共通化及小型化。
2. 快速換線，超市、冷藏庫的設置管理需徹底執行。

從亂流到整流
整流化案例（機械加工職場）

整流化案例（機械加工職場：塑膠成型工程）

下圖是某成型加工職場，整流化案例。

改善前

　　成型→檢包→半成品入庫→加工檢包→成品入庫分散在不同樓層，形成亂流。

　　透過工程間的合併，將成型、檢包、加工檢包、成品入庫串連在一起，形成整流化。

改善後

　　大幅削減等待與搬運的浪費，組裝前置工時從 480mins 縮減至 5mins。

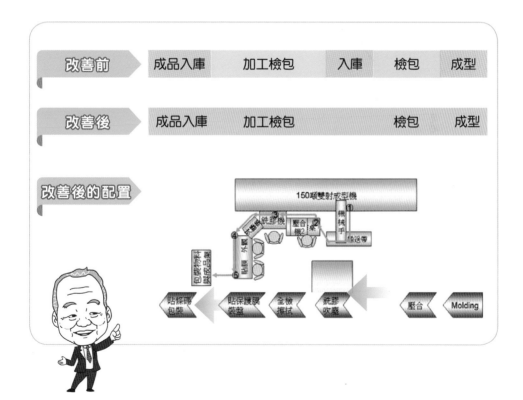

整流化案例 (機械加工職場：塗裝工程)

下圖是某塗裝加工職場，整流化案例。

塗裝機是大型專用機，具有快速、高成本、多機種共用的特性。

改善前：塗裝、乾燥、檢查、印刷間是亂流，組件的製造順序、製造進度，何時組件可以產出，不良真相的追求等相關資訊，取得困難。

改善後：透過快速換線，塗裝換線從 8 次 /1 天提升至 12 次 /1 天，大量機種每日生產，中量機種每週生產 3 次，小量機種每週生產 1 次。

透過塗裝的平準化生產，實現塗裝、乾燥、檢查、印刷整流化，大幅削減塗裝製程的 Lead Time。

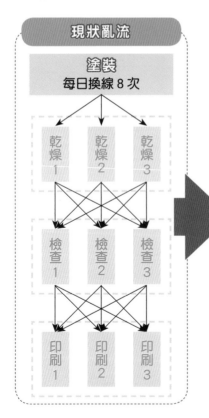

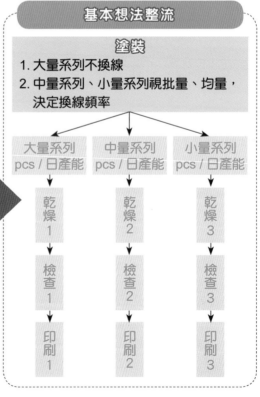

4.5 從亂流到整流
整流化案例 (組裝職場)

下圖是某組件組裝與總組組裝整流化的案例。

改善前：組件工廠在深圳，總組組裝工廠在東莞，兩個工廠分屬不同公司。礙於中國法律，組件工廠完成品，需先出境香港，才能運輸至組裝工廠。出境香港再入境中國，需耗時 1 天，該工廠戲稱「香港一日遊」。

第一階段改善：將組件組裝與總組組裝合併在一個工廠生產，取消香港一日遊。但組件組裝在 4F，總組組裝在 3F，組裝職場分別在不同樓層，仍然存在等待與搬運的浪費。

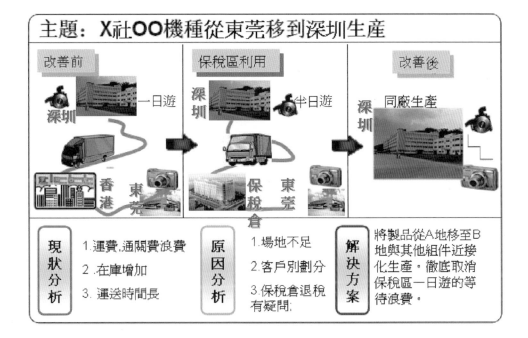

從亂流到整流
整流化案例 (組裝職場)

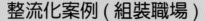
整流化案例（組裝職場）

第二階段改善：將組件組裝與總組組裝放在同一樓層生產，落實整流化。但暗室工程仍為離線作業。

第三階段改善：克服暗室工程在線化的困難，完成組件組裝與總組組裝整流化。徹底削除等待與搬運的浪費，縮短組件 Lead Time，加速品質問題的回饋。

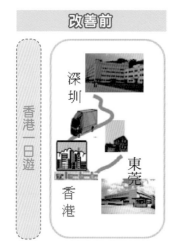

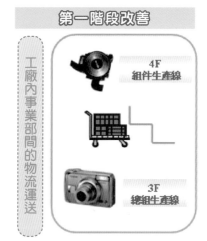

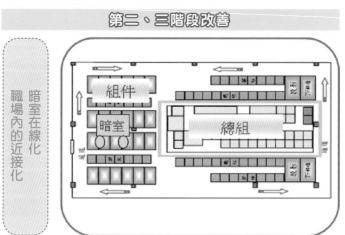

5.1 從多機台到多工程
多工程與多機台

A工程   　「一人多機」一人負責多台機械操作

B工程

C工程 　「一人多工程」需要訓練一個人能負責多項工程操作成為多能工！

從一人多機到一人多工程

　　從一人多機到一人多工程的操作已經成為現在的主流。作業員在循環週期內，同時負責多項工程形成生產的流線，與持有多台機械做比較，更可以達到「縮短前置工時」、「大幅削減半成品」、「容易對應生產的變動」，可以做到「品質的源流管理」等的好處。

　　實施的重點則是推廣「多能工化」，這是很重要的事。

　　在下例比較表中，可以看得出二者「流動的長短」。

設備工程流動比較表

項　目	多工程	多台機械
半成品	少	多
發現不良品	早	慢
貨物流通	整流	亂流
熟練	慢	早
難易度	高	低
完成度	早	慢

5.2 從多機台到多工程
多機台案例（機械職場）

下圖為某沖壓加工職場，1人多機範例。

改善前

　　組件 Cycle Time = 16 sec/pcs，取放時間 = 5 sec/pcs，人員等待組件加工閒置 = 11 sec。

第一次改善

　　嘗試 1 人 2 機，取放時間變成 10 sec/2pcs，機台間走動 0.5 sec，人員等待組件加工閒置 = 5 sec。

第二次改善

　　挑戰 1 人 3 機，取放時間變成 15 sec/3 pcs，機台間走動 1 sec，人員等待組件加工閒置 = 0 sec。

改善前——1人1機

改善 1——1人2機

改善 2——1人3機

挑戰成功

6.1 多能工

多能工如何提升效率

★所謂的多能工是一個人不光只是負責一項工作，而是同時有能力處理其他工程或其他部門的工作，也就是能完成多項以上作業的人，稱之為多能工。

培訓多能工，可以提高用人 (提高工作效率、人員活化) 效率，並大幅改善生產效率。將 6 個人的作業量多能工化整合給 3 個人做，可以減少取放的時間從原本的 10% 減輕到 5%。

	單能工產線 (1人持有1工程)							多能工產線 (1人持有2工程)		
	作業台							作業台		
作業時間	30秒	30秒	30秒	30秒	30秒	30秒		60秒	60秒	60秒
取放時間	3秒	3秒	3秒	3秒	3秒	3秒		3秒	3秒	3秒
比率%	10%	10%	10%	10%	10%	10%		5%	5%	5%

職場實施多能工之能力訓練時，可以參照下表管理。

職場名		多能工訓練表（能力表）							評 價		備　　考
	工程NO	1	2	3	4	5	6	7	現在	目標	
	工程名								2010/5/1	2010.12.末	
	作業者名										
1	a	◎	◎	◎	◎	◎	◎	◎	21	―	難易度等級
											A:領導等級
2	b	◎	◎	◎	◎	○	◇	◎	18	21	B:中級
											C:一般
3	c	⊕	⊕	⊕	⊕	⊕	⊕	⊕			D:初學者
											訓練程度
4	d	⊕	⊕	⊕	⊕	⊕	⊕	⊕			◎
											可以指導其他人（3點）
5	e	⊕	⊕	⊕	⊕	⊕	⊕	⊕			○
											可以獨立作業（2點）
6	f	⊕	⊕	⊕	⊕	⊕	⊕	⊕			◇
											訓練中（始／50%）（1點）
7	g	⊕	⊕	⊕	⊕	⊕	⊕	⊕			△
											無法獨立作業（0點）

6.2 多能工
以多能工提升效率案例

作業內容 / 工程	取景器 / 組裝
Cycle Time	86.4 秒

2,000 個	日生產數量
輸送帶生產線	生產方式

第 1 工程：14 秒	第 2 工程：16 秒	第 3 工程：12 秒	第 4 工程：16 秒	第 5 工程：14 秒	第 6 工程：13 秒

輸送帶

① ② ③ ④ ⑤ ⑥

為了提高取景器的組裝作業效率及減少不良品，請求實施改善對策。第一階段改善，運用多能工，減少取放動作浪費，工作站布置，從 1 條 6 人線，改善為 2 條 3 人線。現況實際量測的結果如下表。

改善前：掌握實況 (4/30)

測量道具：碼表

單位時間＝分

	第 1 工程	第 2 工程	第 3 工程	第 1 工程	第 2 工程	第 3 工程	合計
計測	9 秒	12 秒	11 秒	未測	未測	未測	32 秒
區分	第 1 組			第 2 組			

將 3 個工程的 3 個人重組為 2 個工程 2 個人 (班長＋熟練者) 試行作業的結果如下：

由第 1 組的成果開始展開水平作業。

	第 1 工程～第 3 工程
改善－1	25 秒

	第 1 工程～第 3 工程
改善－1	25 秒

6.2 多能工
以多能工提升效率案例

　　將 3 個人的作業作多能工培訓，為由 2 個人的細胞生產，工時由 32 秒縮短為 25 秒，日產量每產線可達到 1,000 個。

　　而且 (1) 桌面整理、(2) 由配料員搭配作業，可挑戰 22 秒 / 個，讓日產量產能更加充裕。

2 人 2 工程：25 秒作業

1 產線用作業台

★改變桌面的布置
★設置配料員

	第 1 工程	第 2 工程
改善－2	25 秒 ➡ 22 秒	

2 產線用作業台

★改變桌面的布置
★設置配料員

	第 1 工程	第 2 工程
改善－2	25 秒 ➡ 22 秒	

	單　位	改善前	改善後－1	改善後－2	％
投入人數	人	6	6	4	↓ 33%
總體產出	pcs/ 時	112	144	163	↓ 45%
人均產能	pcs/ 人	37	48	81	↑ 141%

★改善成果：省人 2 名 (6 人－4 人＝▲2 人)　效率提高 33.3%↑

6.3 多能工
多能工案例 (組裝職場)

下表是 B 社多能工案例。

首先，選定模範機種試行多能工訓練，將原本 5 站 (每站 18 sec) 作業，合併成 1 站 (90 sec)。

初期，學習時間增加，員工適應困難，每人每小時產量 25 pcs。經過 4 個月後，每人每小時產量提升至 38 pcs，產能提升 52%，而後開始水平展開至其他機種。

最終，1 人完成機種從 6 月的 2 個機種，水平展開至 9 月的 8 個機種。1 人完成型的多能工從 6 月的 2 人，水平展開至 9 月共計 29 人。

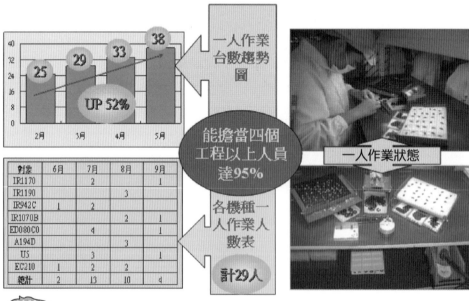

一人作業台數趨勢圖

UP 52%

能擔當四個工程以上人員達95%

一人作業狀態

各機種一人作業人數表

計29人

對象	6月	7月	8月	9月
IR1170		2		1
IR1190			3	
IR942C	1	2		
IR1070B			2	1
ED080C0		4		1
A194D			3	
U5		3		1
EC210	1	2	2	
總計	2	13	10	4

6.3 多能工
多能工案例 (組裝職場)

多能工是連續流與細胞生產的基礎,可削減動作與等待的浪費。

如果實現一人完成多能工,員工必須對品質負完全責任,品質的追溯更迅速,員工也會更有成就感。

下表是 C 社多能工評價看板案例。

5 月分時,平均每人熟練 4 個工程。經過多能工培訓後,10 月分起,平均每人熟練 7 個工程,多能工能力提升 75%。

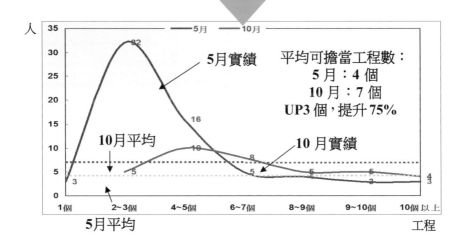

6.3 多能工
多能工案例（組裝職場）

　　以下是 D 社 T 事業部多能工案例。

　　D 社 T 事業部面臨：1. 多機種頻繁切換、2. 新機種導入週期短與人員技能培訓不足 2 大問題。

　　故分別設置新人教育區與多能工培訓區，運用作業人員技能管理看板與優秀員工評比作為激勵機制，以多能工來解決所面臨的 2 大問題。

設定新人教育區 &
多能工培訓區

面對的課題
1. 多機種頻繁切換
2. 新機種導入週期短，人員技能培訓不足

作業人員技能管理看板（多能工）　　　　優秀員工評比獎勵

6.3 多能工
多能工案例 (組裝職場)

延續上頁 D 社 T 事業部的多能工培訓全面水平展開後，經過了一年的努力，多能工百分比從 2006 年 58.5% 提升至 2007 年 100%。

同時也為今後 2 人化的 Cell，奠定了穩固的基礎。

實績展示　　　　　　　　　　　　**占總人數比率**

	作業人數	1,060 人	07年實績	06年實績	成長
①	多能工人數	612 人	57.7%	36.3%	+21.5% ↑
②	全能工人數	192 人	18.1%	11.1%	+6.8% ↑
③	跨機種多能工	256 人	24.2%	10.9%	+13.3% ↑

改善前 *5人* 750合/8H
OUT
CELL 一個流方式
IN

改善中 *4人* 750合/8H
OUT
CELL 免追方式
IN

改善後
OUT
2人 CELL 方式
IN / IN
OUT

採用一個流方式生產，取放次數多且競爭機制不強，工程平衡不易實現。

採用免追方式，取放次數多；此方式可以通過PUSH方式提升產能，但走動距離亦會減低效率。

採用2人CELL方式，可以通過多組方式實現競爭式生產，大大減少取放次數，以提升作業效率及個人作業技能。

7.1 細胞生產
什麼是細胞生產 / 主要目的

什麼是細胞生產？

當前工業界主流生產布置

1. 輸送帶布置
2. 依設備類型布置
3. 單元生產布置

什麼是單元生產？

像細胞分裂一般，隨意增加或停止一條或幾條小生產線，來實現生產數量對應需求的變動，這就是單元生產的本意。

單元生產三個明顯的特點

1. 機器設備與工具應按照工程順序，進行流水化布局。
2. 員工是多能工，能操作多工程機台。
3. 工程間在製品少。

細胞生產的主要目的

解決生產能力不平衡的問題

1. 堆積庫存 vs 適量生產
2. 個別效率 vs 全體效率

解決布置沒有流水化的問題

方法 1 加大批量，減少搬運次數 → 增加等待的浪費

方法 2 添購自動化設備，省人省力 → 成本高

方法 3 布置流水線化，根本消除搬運浪費 → 導入單元生產

7.2 細胞生產

細胞生產案例（機械加工職場）

　　這是一個建築機械公司委託零件加工的改善案例。改善前流程為一般的加工體制，鑄造工程→機械工程1→機械工程2→洗淨工程→零件檢查工程→組裝工程→出貨。依組織水平展開製造部、鑄造課、機械課等。

　　如下圖所示工廠棟之間常需使用叉車或小型卡車等來做搬運作業，因此必須要有叉車與手動叉車的放置場所。

改善前的工程順序與實態

　　建築機械零件通常體積比較大，物件沉重且有相當的量，所以不可能交由人工來搬運。如下圖所示，工廠棟之間常需使用叉車或小型卡車等來做搬運作業，因此必須要有叉車與手動叉車的放置場所。

　　加工也是多品種少量生產，以批量生產為主流，前置作業工時也要10日左右之久，庫存更多達23.5日，顯示庫存的過剩情形。

👉 工程流程圖

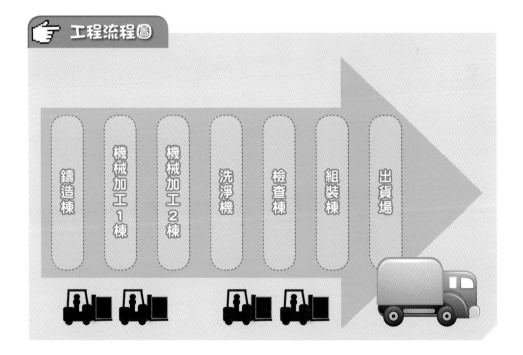

改善後的細胞生產體制

　　如前頁所說，最大原因是工廠棟與棟散布位置不同，搬運的距離長。因此，工廠棟與棟之間的半完成品多，所以經常彙總半完成品後一起搬運。

　　為了一舉解決這樣的狀況如下圖所示，將機械加工～洗淨的 5 個工程交由 1 個人生產，之後第 6 個工程的組裝作業交由 1 個人作業，從投入材料到組裝完成，形成「細胞生產」這樣的組織。這樣工程的生產量會提升，所以才編制了這樣的專門產線。

　　其結果，可達到 1 日 40 台的產能，縮短前置工時，減少了工程間的半完成品，也縮短了搬運的時間等。

　　但是，在這點上還留有一個問題，那就是要如何縮短作業順序與切換的時間。

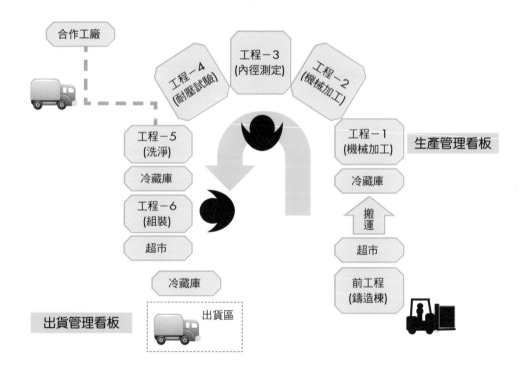

7.3 細胞生產
細胞生產案例 (汽車業束線組裝職場)

改善前的生產體制

　　這個作業是車體的束線部件組裝，作業員順著緩慢旋轉的圓形生產線，在上面配合旋轉的生產線作組裝板作業，其機制是在作業員移動負責的範圍內結束作業，然後等待下一個組裝板繼續之前的作業。

　　改善前如圖示 2 條產線的設置，將熟練者與新人安排在同一條產線作業，由於能力不均造成熟練者的負擔，也形成容易產生嚴重不良的環境。

　　要改善這樣的狀況，須有能夠提高效率、降低成本，且又能減少不良產出的方法提案。

實態

(1) 作業員 8 人 / 1 產線

(2) 組裝工數→ 35 分 / 台

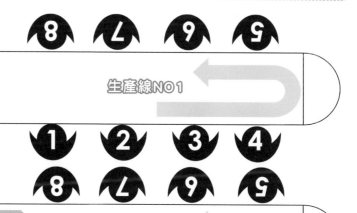

生產線NO1

將 NO2 解體轉為細胞生產

生產線NO2

7.3 細胞生產
細胞生產案例 (汽車業束線組裝職場)

改善後的生產體制

★改善過程

在 2 條產線中，將 1 產線解體試用了「1 人細胞生產」的體制後，我們瞭解到由於零件種類多樣，要學習到熟練需要經過長時間的教育訓練。所以在過程中，也有想要放棄「1 人細胞生產」體制的念頭。

最後，在廠長的提案下，改採用「2 人細胞生產」，結果得到非常成功的成效。

★改善成果

組裝工時 35 分 / 台→ 20 分 / 台

▲縮短 15 分 (提高 28.5% 效率)

作業員▲ 2 人

NO1 繼續作為新人教育專用輸送帶作業　　生產線NO 1

2 人細胞生產的作業情況

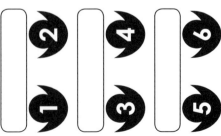

7.4 細胞生產
細胞生產案例 (造酒業瓶裝作業職場)

本頁記錄了造酒業,最後工程「瓶裝作業」的改善過程與成果。

首先,站在現場、看現物、測量作業時間,做現認 (現場確認)。這就是所謂的「3現主義」,是改善現場的基本學問。

為了要能夠先掌握現況,要先整理各項的作業時間所測量的結果。如下內容。

改善前的時間測量結果：3人分工體制

作業員 A：貼標籤 15 秒
1) 從輸送帶上取瓶
2) 放在標籤作業台上
3) 貼外標籤
4) 從標籤作業台上取瓶
5) 放在右邊

作業員 B：貼標籤 15 秒
1) 由左邊取瓶
2) 放在標籤作業台上
3) 貼內標籤
4) 從標籤作業台上取瓶
5) 放在右邊

作業員 C：裝箱 5 秒
1) 由左邊取瓶
2) 取瓶後走到紙箱處
3) 放入出貨用的紙箱
4) 回到作業台
5) 有等待的時間

改善後的時間測量結果：1 人完成型作業×2 人編制

作業員貼標籤 30 秒 ×2 人
1) 從輸送帶上取瓶
2) 放在標籤作業台上
3) 將瓶身旋轉讓內側朝上
4) 貼內標籤
5) 從標籤作業台上取瓶
6) 放入出貨用的紙箱

★成果：3 人作業→ 2 人作業

▲省人：1 人 (效率提高 33.3%)

8.1 從輸送帶生產到細胞生產

從輸送帶生產轉移到細胞生產的概略

從輸送帶生產轉移到細胞生產的概略

程序 1

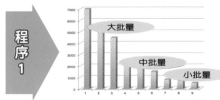

★選擇細胞生產

以 ABC 區分管理，依生產量順序選出適合細胞生產的批量。

程序 2

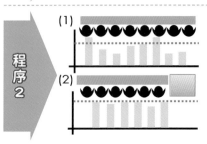

★掌握現況與分析問題點
(1) Cycle Time 測量結果，Line Balance 不佳、效率差，在工程之間分散著庫存量。

★要改善 Line Balance 與拉緊距離
★效果：省作業員▲2 名
(1) 由 8 人組成，改由 6 人組成
(2) 省面積 (　 部分)

程序 3

	1	2	3	4	5	6
A	○	◎	△	○	○	○
B	◎	○	○	○	○	○
C						
D						

★培訓多能工與製作訓練表
為了準備轉移至細胞生產模式，必須培訓可 1 人同時有能力負責 2～5 工程的「多能工化」訓練。

程序 4

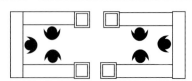

★從輸送帶生產→到細胞生產
(1) 撤除輸送帶
(2) 組成 3 人細胞模式 ×2 條產線

程序 5

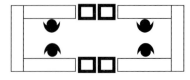

★改善治工具類
(1) 更簡易的自動化 ×4 個地方
(2) 效果：省人▲2 名

程序 6

★1 人完成型細胞生產
效果：省人▲1 名。
比程序 5 的程度還要高。
終極細胞生產 (1 人完成型)。

8.2 從輸送帶生產到細胞生產

從輸送帶生產轉移到細胞生產案例

D 社 T 事業部 2004 年廢除皮帶作業，實施站立作業。

2005 年開始，為提升管理能力，實施競爭式細胞作業，從新人教育完善與多能工培訓，提升人均每日產能開始改革。

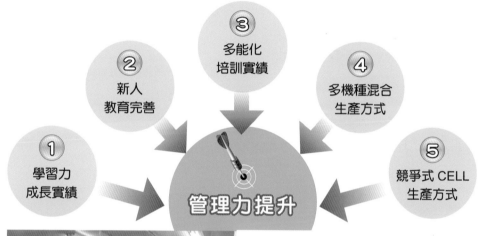

③ 多能化培訓實績

② 新人教育完善

④ 多機種混合生產方式

① 學習力成長實績

⑤ 競爭式 CELL 生產方式

管理力提升

設定新人教育區 & 多能工培訓區

面對的課題：
1. 多機種頻繁切換
2. 新機種導入週期短，人員技能培訓不足

人均每日產能　UP

20人

100台/日

90台/日　　　　　　18人

日期		1	2	3	4	5	6	7	8	9	10	11	12
計劃	实绩	1800	1800	1800		1800	1800	1800	1800	1800			
	累計	1800	3600	5400		7200	9000	10800	12600	14400			
完成	实绩	1800	1800	1800		1800	1800	1800	1800	1800			
	累計	1800	3600	5400		7200	9000	10800	12600	14400			
差異	实绩	0	0	0		0	0	0	0	0			
	累計	0	0	0		0	0	0	0	0			
人員		20	20	19		19	18	18	18	18			
每人完成量		90	90	95		95	100	100	100	100			
備註													

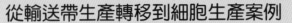

從輸送帶生產轉移到細胞生產案例 2

人員技能管理看得見，客戶更能放心將組件交給我們生產。

2006 年多能工占比 58%，2007 年多能工占比提升至 100%，也因為徹底的多能工化，使得該事業部撤除所有的輸送帶，改成依客戶別、製品別等不同需求的細胞生產線，有效率的對應競爭劇烈的多機種少量訂單生產。

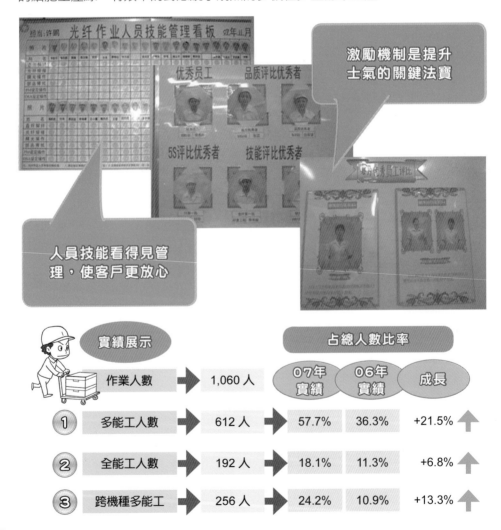

激勵機制是提升士氣的關鍵法寶

人員技能看得見管理，使客戶更放心

實績展示		占總人數比率		
		07年實績	06年實績	成長
作業人數	1,060 人			
① 多能工人數	612 人	57.7%	36.3%	+21.5% ↑
② 全能工人數	192 人	18.1%	11.3%	+6.8% ↑
③ 跨機種多能工	256 人	24.2%	10.9%	+13.3% ↑

8.2 從輸送帶生產到細胞生產

從輸送帶生產轉移到細胞生產案例

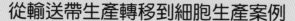

從輸送帶生產轉移到細胞生產案例 3

除了人員的多能工外，又同時實施治具的共用化，2008 年上半年開始實施多機種混合生產。2008 年下半年開始實施分組競爭細胞生產，從 5 人細胞生產，改善為 2 組 2 人細胞生產。

5個機種共用一條生產線

L44機種　L33/36機種　L26/44機種　L39機種

公用治具　　　新規設計受台

治具的共通化

每人均能對應 4-5 個機種

人員的多能化

改善前　5人　　改善中　4人　　改善後　2人

2人
CELL
方式

OUT　IN　IN　OUT

分組競爭CELL化，每日產能記錄，更能清晰體現效率的提升

採用 2 人 CELL 方式，可以通過多組方式實現競爭式生產，大大提升產能，並有效率的對應變化多端的訂單生產。

8.2 從輸送帶生產到細胞生產
從輸送帶生產轉移到細胞生產案例

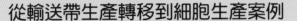

從輸送帶生產轉移到細胞生產案例 4

A 社 G 事業部，2004 年廢除輸送帶作業，實施站立作業。

透過工程近接化→工程合併→ 6 人細胞→ 3 人細胞的演化，達到人員、面積的削減與生產力提升的目標。

演變過程 工程近接化 → 工程合併 → 6 人細胞 → 3 人細胞

步驟	方法	實　施	成果
步驟①	工程近接		省面積 減少在庫 提高組裝效率
步驟②	工程合併		省人：4人 省面積：3.12m² 效率：6.25% UP 效果：美金4,049/年
步驟③	6人細胞		省人：18人 省面積：15.6m² 效率：32% UP 效果：美金16,615/年
步驟④	3人細胞		省人：5人 省面積：3.6m² 效率：7% UP 效果：美金4,615/年

○○機種歷次改善成果及彙總

項目	改善前	一次改善	二次改善	三次改善	四次改善	總成果	累計改善率
人員	66	64	60	42	37	29	44%
生產力 (%)	92	96	102	135	145	53	58%
產量 (pcs/h)	197	203	217	310	351	154	78%
面積 (m²)	25.72	25.72	24.6	19.68		6.04	23%

註：改善後能夠擔當 4 個工程以上的
　　人員，達整個機種的 95% 之多。

省人 29 名　節省面積 6.04m²　節省金額 美金 54,302.69

產量 UP 154 pcs/h　生產力 UP 53%

8.2 從輸送帶生產到細胞生產

從輸送帶生產轉移到細胞生產案例

從輸送帶生產轉移到細胞生產案例 5

A 社 I 事業部，2004 年廢除輸送帶作業，實施站立作業。

透過 6 人細胞→ 3 人細胞→ 2.5 人細胞的演化，達到人員、面積的削減與生產力提升的目標。

6人生產 Step1 **3人生產**

改善手法：
Cell 理念

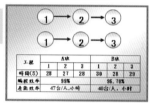

問題點

1. 如何對應幾十台少量多樣的包裝。
2. 因訂單的關係，包裝切換頻率高，包裝效率低。

編製	6人生產	3人生產	改善效果
編程效率	96%	99%	UP3%
生產式樣	1式樣	2式樣	UP1
產能效率	40台/人/小時	47台/人/小時	UP7台/人/小時

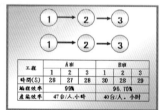

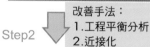

改善手法：
1.工程平衡分析
2.近接化

Step2

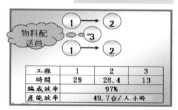

成果/效率

為了實現 2.5 人產線，我們對工作進行了重新設計：

① 一邊是工作台，一邊是物料放置區

② 旋轉的備料台，部品 10 套定數配置

Date _____/_____/_____

Part **4**

看得見管理篇

所謂看得見管理

1.1

看得見管理的必要性 / 什麼是要看見的？

「看得見管理」的必要性

　　最近常聽到「看得見管理」這一說法。還有，在工廠等處，每個職場內都立有管理看板，讓全公司的員工推廣「看得見管理」。「看不見」對公司來說，會讓公司無法生存在現在的環境。

　　好的公司系統應該要能夠把好的訊息與不好的訊息，正確地傳達給經營者知道，幫助經營者能客觀地掌握資訊，接下來才能快速又精確地執行改善行動。反觀，看不見訊息的公司無法發現問題，常在發覺異常時為時已晚，也可能使公司陷入困境。為了贏得企業競爭，公司必須有掌握「現在」的機制，推廣「看得見管理」勢在必行。

「什麼」是要看見的？

6W2H		效果
What	需要看見什麼？	想達到的目的、對達到目的有幫助的事物
Why	為什麼需要看見？	為了迅速有效的實施管理、改革
How	要如何看見？	要讓它變得可以「簡單、立刻行動」的樣子
Whom	誰需要看見？	高層主管、管理監督者、一般作業員
When	什麼時候需要看見？	即時
Where	需要在哪裡看見？	發揮效果的場所涵蓋（管理單位、工廠、各職場）
Who	由誰來做？	職場的領班、管理監督者全員
How much	需要多少時間來完成	主要指標在 30% 以上

2.1 出貨場的管理看板

出貨管理看板＋卡車貨場

出貨管理看板＋卡車貨場

以出貨管理看板為基準，擬出與前工程連結合作的改善策略，其效果會延伸至後工程。因此，下面例子改善前，卡車的等待時間是被許多人抗議要求改善的對象。清楚地規劃 1 日 30 台以上的派車時間表，可以大幅減少等待的時間、叉車的裝載也會變得通順，消除浪費的時間。

出貨管理看板上明載著出貨時間，也連帶指示著卡車貨場中，各運輸公司的指定場所及出發時間。

看板上面寫「運送公司名」，下面寫「出發時間」。

遵從「出發時間」的指示，卡車應在指定時間前到達，還要考慮裝載的時間準時，才能達成指定時間出發的機制。

2.2 出貨場的管理看板
出貨管理看板

此出貨管理看板，首先要記錄今日營業額。1 日內卡車的出入運送量在 30 台以上時，需要指定卡車的到達時間、裝載時間、出發時間，如此可以大幅改善卡車的等待時間，減少浪費時間。

繁忙期的出貨計畫（隔天用）

此管理看板是「隔天用」看板。此管理看板的效用是緊密連結前後工程 (組裝作業、捆包作業) 做事前準備，減少出貨前的慌亂，縮短前置作業時間。

2.3 出貨場的管理看板

出貨管理看板＋對策管理看板

出貨管理看板＋對策管理看板

出貨管理看板照片

此出貨管理看板是企業用來確認對外國客戶，1 週期間預定出貨的業務量與無法出貨時將其原因與對策寫在一個地方，實現「看得見管理」的最佳範例。

記載計畫值與業績的差距，紅字是不足數量與其原因的記錄。原因記錄的方法，例如：A 是機械調整、B 是等待材料、C 是等待檢查、D 是修理模具等。

對策管理看板照片

出貨管理看板的主要目的，為對應客戶的交期計畫、記錄交期實績與每日銷售。另一方面，「對策管理看板」是將出貨管理看板記錄的原因彙總後，依星期別將不同原因寫在看板上，這樣可以重點檢討並實施對策。上圖的案例，使我們可以看見分類為 D 類修理模具案件壓倒性的多件。

3.1 交貨場的管理看板
交貨管理看板＋驗收檢查管理看板

交貨管理看板＋驗收檢查管理看板

　　此交貨管理看板是用來表示改善前的狀態。從卡車貨場到交付貨物，須先將貨物搬入驗收檢貨區接受驗收檢查，判定貨物是否為合格後，再送往下一個工程，判定不合格即退貨。

　　此管理看板可看出的問題是，交貨的時間不在一定時間內，呈現沒有控制的狀態，判定為無管理狀態。

卡車貨場

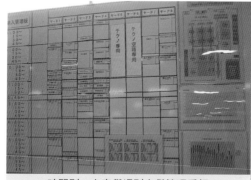

時間別、卡車貨場別交貨管理看板

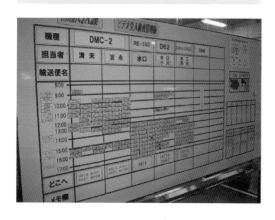

　　此驗收檢查管理看板，也是為了顯示出改善前的實際狀態。如左表顯示，垂直軸以1個小時為單位，水平軸寫的是個人別檢查員的名字。在兩者交叉的欄位，是將要檢查的製品與該檢查的時間。

　　此表可看出的問題是從8點到10點左右，呈現沒有可檢查的製品的等待狀態。若將交貨狀態平準化，又顯得人員的安排浪費。

　　要改善這樣的狀況，導入的經過可以使用如前篇所提到的，「循環收貨模式」。順帶一提，這種改善方式可達成將5位檢查員縮減為4位，達到20%的效果。

4.1 生產線的管理看板
生產管理看板的好處

生產管理看板－1

活用「生產管理看板」的好處

　　到目前為止，生產數量沒有明確的指令，都是接受平均日產能的通知後，生產與指示的產能數量接近就好了，實際上這樣的企業很多。

　　設置管理看板的好處如下：

1. 作業員可清楚知道每小時的作業指令。

2. 記錄實績與差異的數量，並將原因記錄於差異原因欄內。

3. 管理負責人可看記錄的原因，即時提出對策。

4. 盡可能在管理看板記錄需溝通的細項。

　　更重要的是，管理負責人也要定期的巡迴。

組裝生產管理看板

MO 成形生產管理看板 (2 班制用)

生產管理看板樣本

工程○○　×月×日生產管理看板　製品名○○○　擔當者××

時間＼項目	計畫數量	實績數量	差異	差異原因
8:00～10:00				
10:00～12:00				
13:00～15:00				
15:00～17:00				
18:00～20:00				
合　計				

需員數○○名，日產量△△△，Cycle Time ○○○

4.2 生產線的管理看板
生產管理看板＋品質管理看板

下面是 A 社 2 小時生產管理看板運用範例。

改善前：品質異常問題24小時才能回饋，這段期間，已經堆積24小時的問題點。

改善後：運用生產管理看板搭配品質管理看板，立即對生產線異常做出對策，將
　　　　對策時間降至 2 小時以內。

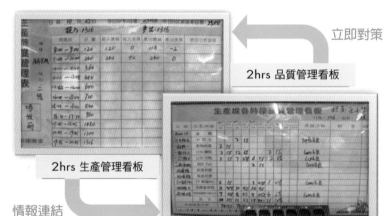

立即對策

2hrs 品質管理看板

2hrs 生產管理看板

情報連結

10/25 AM9:00 問題點
裝飾條組入困難
不良率：0.5%

10/25 AM10:00 問題點解析
原因：裝飾條來料毛邊，導
致裝飾條組入困難

10/25 AM10:10 問題點對策
對策：在庫品與前盖現合選別，
不良品退料，IQC聯絡廠商改善

4hrs 內不良消除

10/25 AM11:10
選別OK品重新投入

10/25 AM10:30
部品選別生管安排選別中

總合管理看板

　　如前頁所述「看得見管理」的必要性，下圖是某家公司具體執行「總合管理看板」的實例。不可以只是「為了管理而管理」，稍微花一些時間製作資料而已，也不是要求什麼都管理，而是集中重點來改善全企業，才能對企業活動有所貢獻。

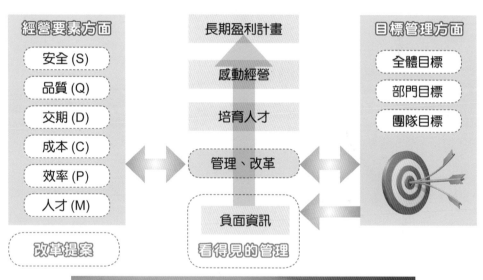

生產革新總合管理看板 (每日朝會檢討)

5.2 其他各種管理看板
官能檢查看板

官能檢查－檢查員變異的確認

官能檢查是最常見的檢查方法，也是檢查的基礎。主要是使用五感確認製品零件的品質特性，判定製品是否為良品或是不良品。但是，用人的感覺來作判斷，會產生不同的判定結果，失去正確的定義。為了儘量減少這些差異，在軟、硬體方面的支持是不可缺少的。所謂的官能檢查，是指用人的五感 (眼、耳、鼻、舌、皮膚) 來判定品質狀況。

檢查三要素：(1) 準備檢查標準樣品。(2) 整備檢查環境。(3) 檢查作業必須標準化。

如下表，檢查員定期的使用標準樣品來確認現物。如此，也能用來判斷檢查員適不適任同時做品質檢查標準的校正。

標準樣品判定一覽表

標準樣品	第1次					第2次					第3次				
	a	b	c	d	f	a	b	c	d	f	a	b	c	d	f
A檢查員	O	O	△	×	O	O	O	O	O	△	O	O	O	O	O
B檢查員	△	△	O	O	×	×	O	△	△	O	O	O	O	△	×
C檢查員	O	O	O	△	O	O	O	O	O	O	O	O	△	△	×
D檢查員	×	O	O	O	O	×	O	×	O	O	O	O	×	O	O
E檢查員	×	×	×	O	×	×	×	O	O	O	O	△	×	△	△
F檢查員	×	O	△	△	△	△	O	×	O	×	O	O	O	×	×

O＝判定良品為良品
△＝判定不良品為良品
×＝判定良品為不良品

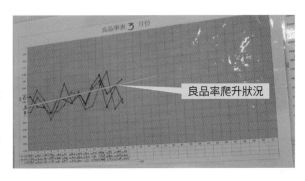

良品率爬升狀況

持續目視檢查來提高判斷能力，改善誤判良品為不良品的機率，如右圖可看見良品率有爬升的趨勢。

生產狀況看板範例

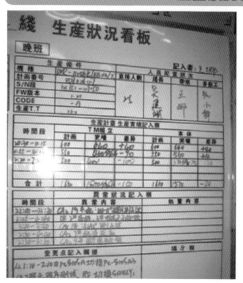
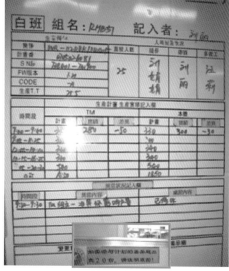

成品管理應用看板範例

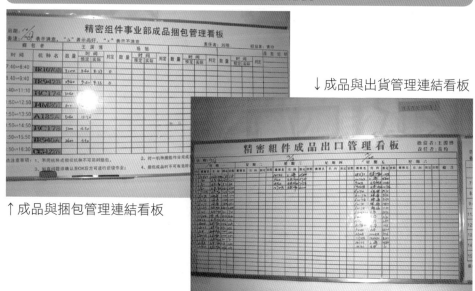

↓成品與出貨管理連結看板

↑成品與捆包管理連結看板

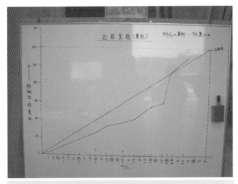

汽艇生產管理看板 (每月)

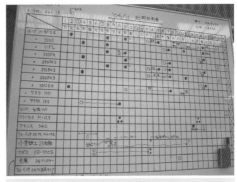

汽艇生產管理看板 (每週)

廢品回收公司生產管理看板 (每月)

MO 成型品材料庫存管理看板 (每月)

開發日程計畫進度表

多能工現況管理看板

6.1 超市、冷藏庫
超市、冷藏庫

超市、冷藏庫－1

　　放眼看過去的話，工廠內的加工機械或組裝工程有條不紊地排列在一起，但物品放置整齊有序的工廠相對的比較少。零件或是工具類、搬運台車等的存放場所，就是該改善的對象。特別是零件或製品都被擠放在一處狹小的地方。要更詳細說明的話，根本無法判斷被放置的零件或製品是屬於哪個工程？是否已經加工完成？接下來應該送往哪個工程？等。

　　山田老師所想出來的手法是「從推入式發展至後工程領取方式」，就像是在超市購物回到家後放入冰箱一樣，用這樣的構想在現場展開。

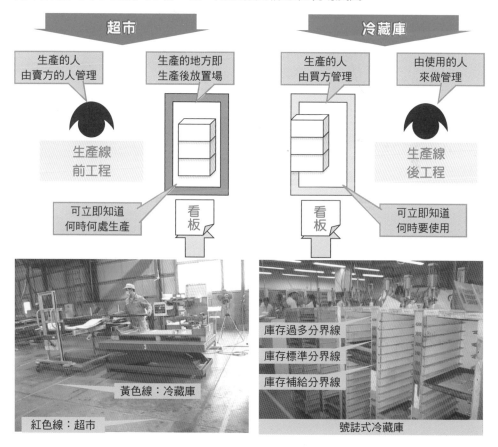

超市、冷藏庫－2

用超市看板的顯示來決定超市的運用方法 看板

用冷藏庫看板的顯示來決定冷藏庫的運用方法 看板

超　市

工程名	➡	機械加工
部品名	➡	○○－○○○
數　量	➡	300/ 箱 ×10/ 箱
領取時間	➡	AM 11:00　PM 4:00
次工程		製品庫
搬運負責人	➡	林

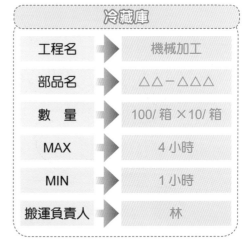

冷藏庫

工程名	➡	機械加工
部品名	➡	△△－△△△
數　量	➡	100/ 箱 ×10/ 箱
MAX		4 小時
MIN		1 小時
搬運負責人	➡	林

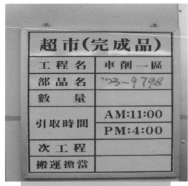

超市管理

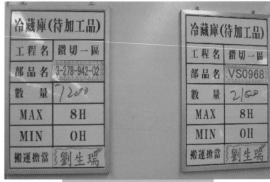

職場冷藏庫規劃管理

領取時間看得見管理：1 次 / 每天 ➡ 4 次 / 每天

6.1 超市、冷藏庫
超市、冷藏庫

組裝的冷藏庫 (下午4小時份)　　　　組裝的冷藏庫 (上午前4小時份)

組裝的超市 (領取1日4次)

Date _____/_____/_____

Part **5**

物流改革篇

1.1 穩定的物流
定時、定量的搬運

　　搬運一直以來都被歸類為沒有附加價值的「作業浪費」。以傳統方式會使用大型卡車或是貨車，盡可能的一次裝運大量的貨物，其目的是為了減少搬運的成本，如今推薦的改善方法是要將這樣的傳統觀念丟棄才行。

　　定量搬運法是只取其中要使用的部分。例如，後工程的作業員 (材料定量、定時供應) 結束一個循環的工作時，為了下一個循環工作的需要，而到前工程領取所需要的材料或零件。

　　另一種定時搬運法是在規定的時間，進行搬運作業的一種方法。

定量搬運

只搬運必要的物品，在必要的時間搬運必要的數量。

到前工程領取後工程使用的定量

前工程　　　　　　後工程

定時搬運

在指定的時間點，只運送後工程使用的需要量。

後工程

搬運有 2 種方式：

1. 最佳原則是「使用者自行領取」。

2. 無法直接連結成 1 條產線時，有時會編制「材料定量、定時供應」的專任人員。
　 為了提高工程能力，會選擇依作業狀況分為「製造者」、「運送者」，這種方式也是值得推薦的。

1.2 穩定的物流
固定的容器與小批量作業

問題點
- 容器過大取拿距離遠
- 零件包裝規格不統一
- 包裝式樣隨意
- 流程不明確

改善目標

1. 容器小型化
減少拿取動作浪費

2. 包裝依類別統一規格
提高管理效率

改善想法

1. 尺寸大變小A3→A4，
　　　　　A4→A5
拿取效率提升
2. 包裝量最少化
管理效率提升
3. 包裝數固定化
管理效率提升
4. 包裝容器固定化
管理效率提升
5. 無膠帶化
減少黏膠不良，品質提升

改善

改善作法

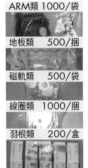

ARM類	1000/袋
地板類	500/捆
磁軌類	500/袋
線圈類	1000/捆
羽根類	200/盒

◆ 相同類別的零件包裝量統一，形成標準，所有新機種導入後，按標準要求推行。
◆ 根據零件形狀、品質等要求，設定固定包裝數量，統一相同類別的包裝量。
◆ 零件包裝數量最少化，方便拿取及減少占用空間。

容器小型化範例

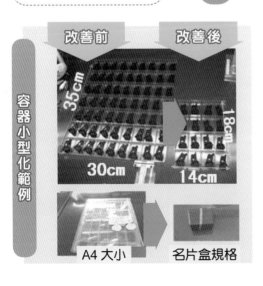

改善前　　改善後

35cm　30cm
18cm　14cm

A4 大小　　名片盒規格

縮短取放距離範例

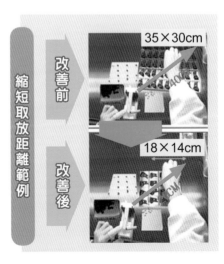

35×30cm
改善前
18×14cm
改善後

1.3 穩定的物流
推式與拉式

從前：推式生產 (計畫生產)

　　生產管理部門依據客戶預測，做成年度、月度、週間的日程計畫，分別通知各工程進行生產，一旦製程間出現異常，生產管理部門便頻繁的變更生產計畫。

　　可是，客戶預測從來沒有準確過，生產管理部門也無法分分秒秒掌握製程間的異常，各製程間又有所謂的經濟批量，因此導致有時間做出一堆不需要的庫存，卻仍然無法滿足客戶交期的窘境。

　　也因為無法滿足客戶交期，所以只好再建立更多的庫存，如此不斷的惡性循環，造成庫存越積越多。

未來：拉式生產 (後工程領取方式)

　　最終工程依據客戶拉貨狀況，只生產被拉走的數量。工程間只保留必要庫存，前工程只生產被後工程拉走的數量。

　　運用定量、不定時搬運，搭配目視管理，在最低庫存水準的前提下，實現生產線不斷線的生產。

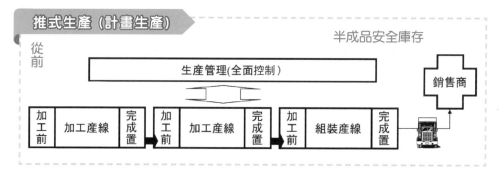

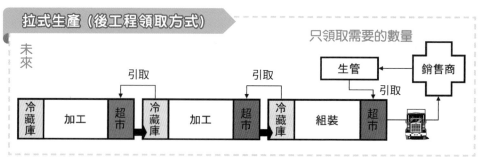

1.4 穩定的物流

穩定物流的範例

以下為 A 社 G 事業部穩定物流的方式：

前段作業

　　工程間以連續流方式布置，設置標準庫存量最大量與最小量。A 面、B 面、檢查間設置超市與冷藏庫，以 1 小時為單位，後工程來的空箱為領取數量的指示。

後段作業

　　檢查、芯取、洗淨、蒸著間設置超市與冷藏庫，以固定數量，後工程來的台車數為領取單位。

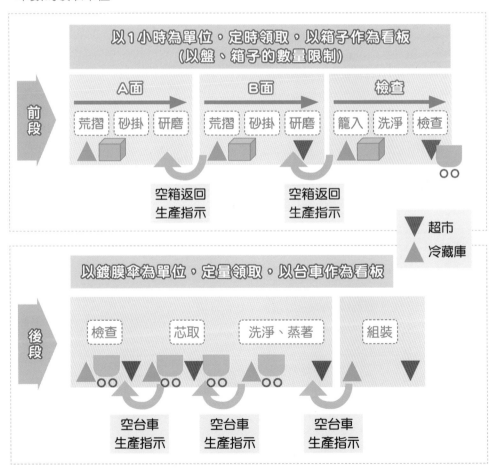

2.1 庫存過多的浪費
庫存過剩是諸惡的根源

　　庫存即是「財產」的時代已經是很久以前的事了，只要能製造就能賣得掉的時代早已結束。現在被認為「庫存過多是萬惡」，但在客戶有需要時卻沒有庫存也會造成損失。正因為如此，才需要設定適當的「安全庫存」。

　　所謂適當的「安全庫存」是依各種過去的銷售實績、業界的動態與預測客戶的需求趨勢，去實踐「只在必要的時候、做必要的東西、生產出必要的量」，像這樣 Just-in-time 的理念。

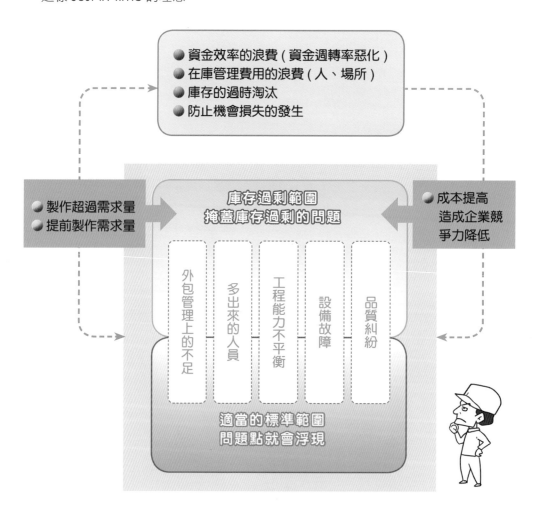

2.2 庫存過多的浪費

庫存的分類

　　製品因為環境的變化，需求也會產生很大的變化。因此要時常重新評估庫存的水準，以降低損失機會的風險且壓縮不良庫存等。適當的維持管理零件或製品，是影響企業業績今後重要的課題。

　　在現代因無法滿足預測的準確度，而為了真正消滅庫存，只單方面決定安全庫存是不夠的。希望企業能如下列一覽表所述庫存管理的分類方法，加以活用之。

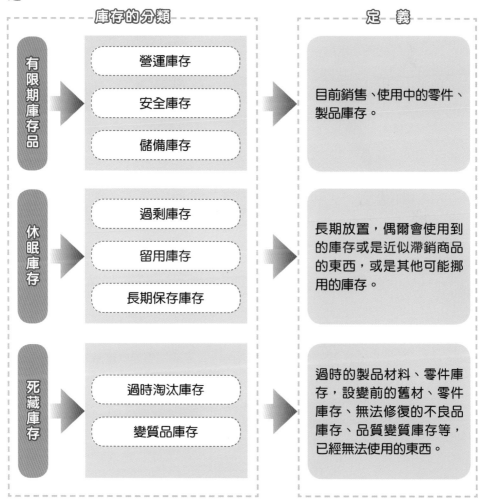

庫存的分類		定　義
有限期庫存品	營運庫存 / 安全庫存 / 儲備庫存	目前銷售、使用中的零件、製品庫存。
休眠庫存	過剩庫存 / 留用庫存 / 長期保存庫存	長期放置，偶爾會使用到的庫存或是近似滯銷商品的東西，或是其他可能挪用的庫存。
死藏庫存	過時淘汰庫存 / 變質品庫存	過時的製品材料、零件庫存，設變前的舊材、零件庫存、無法修復的不良品庫存、品質變質庫存等，已經無法使用的東西。

2.3 庫存過多的浪費
庫存改善重點方向

將庫存區分 5 大類,並揭示庫存削減重點:

1. 材　料　庫:盡可能實現每日收貨。
2. 海外工廠 / 外包:落實混載與提高現地調貨。
3. 零　件　庫:落實每日收貨。
4. 社　內　工　程:落實縮短前置工時與平準化生產。
5. 完　成　品:不生產超出訂單的量。

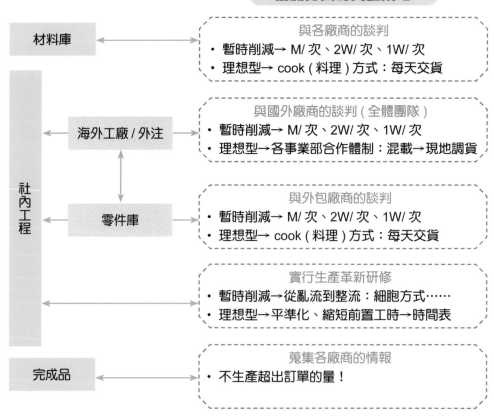

削減方法的具體策略

材料庫
與各廠商的談判
· 暫時削減→ M/ 次、2W/ 次、1W/ 次
· 理想型→ cook (料理) 方式:每天交貨

海外工廠 / 外注
與國外廠商的談判 (全體團隊)
· 暫時削減→ M/ 次、2W/ 次、1W/ 次
· 理想型→各事業部合作體制:混載→現地調貨

零件庫
與外包廠商的談判
· 暫時削減→ M/ 次、2W/ 次、1W/ 次
· 理想型→ cook (料理) 方式:每天交貨

社內工程
實行生產革新研修
· 暫時削減→從亂流到整流:細胞方式……
· 理想型→平準化、縮短前置工時→時間表

完成品
蒐集各廠商的情報
· 不生產超出訂單的量!

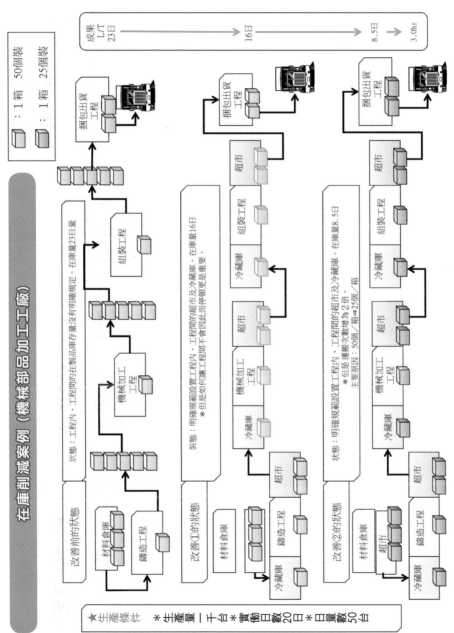

2.5 庫存過多的浪費
在庫削減案例（組裝工廠）

組裝1台 ＋ 檢查1台 ＋ 組裝1台 ＋ 檢查1台 ＋
2台後彙整捆包 ＋ 移動至出貨處＋含時間損失＝53分16秒

改善前

檢查
＋
捆包作業

檢查
＋
捆包作業
2台同捆

出貨場
運搬

改善後

大部物品
冷藏庫

小部物品
冷藏庫

工具車

組裝作業台

共用物品
冷藏庫

捆包作業台

包裝材料
冷藏庫

改善過程實施的項目

★整理整頓
★動作浪費排除
★個人別生產管理板設置
★超市／冷藏庫設置
★組裝換線時間短縮
★出貨管理板設置
★出貨處空間整備
★新人作業訓練場所設置

改善前：紙箱的運送領收方式是由業者從卡車上下貨，再搬到倉庫適當的空位放下，之後等待負責的工作人員有空的時候，再搬到指定的置物架上。另外，因為訂購量沒辦法正確的掌握只能大概預估，所以造成很多的庫存，庫存置物架上放有許多額外的數量與死藏，使置物架呈現雜亂狀態。

改善後：如下照片所顯示，將死藏與不要的物品處理掉，調查所需要 15 種年間的使用量，標示種類別且指定「MAX」、「MIN」，讓業者也能協助直接送到指定置物架上。這個方法不但讓原本負責的工作人員可以省下搬運的工作，也可同時削減庫存量。

成果：808 (千日圓)/2009年 → 584 (千日圓)/2010 年＝削減金額，有▲ 224 (千日圓)。

今後的改善：(1) 紙箱的印刷用一種顏色來降低成本；(2) 採用一觸式方法。

今後的計畫採用「cook(料理) 方式」，終極目標設定「零庫存」。

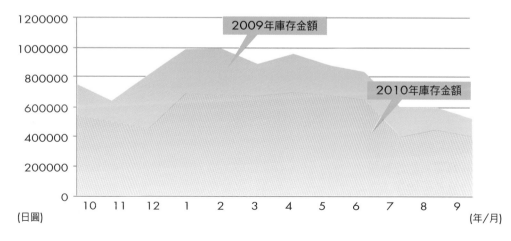

2009年庫存金額

2010年庫存金額

1200000
1000000
800000
600000
400000
200000
0

10 11 12 1 2 3 4 5 6 7 8 9

(日圓)   (年/月)

3.1 物流改善
循環收貨方式

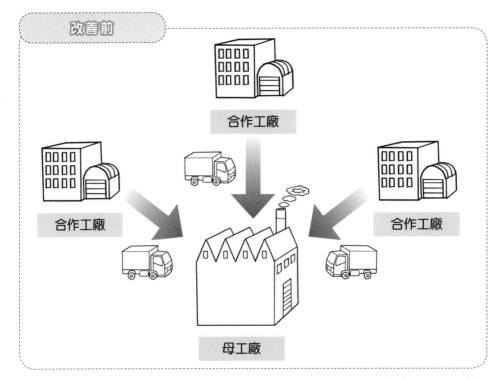

改善前

合作工廠

合作工廠

合作工廠

母工廠

　　從多家的供應商進原材料或零件時，一般方式是供應商進貨到工廠。這時候為了配合供應商的送貨時間，母公司的收貨處跟著變動，因而產生在場的主要作業人員、空間等的浪費。(下一頁的深色圖表是改善前收貨變化狀態)

　　循環收貨的方式是，製造業者本身或是受委託的輸送業者，遵照一定的路線圍繞著供應商收貨的模式，此方式的優點很多。(下一頁的淺色圖表是改善後平準化收貨狀況)

★環循收貨的優點

1.看得見物品的價值與物流的成本。

2.將物量少的貨物集中，可以提高裝載效率。

3.儘量不留零件庫存可減少風險，也減少了管理成本。

4.到貨平準化，也節省了庫存所需的空間。

5.改善後減少了卡車台數，降低了成本，並改善了工廠附近的塞車狀況。

物流改善

循環收貨方式

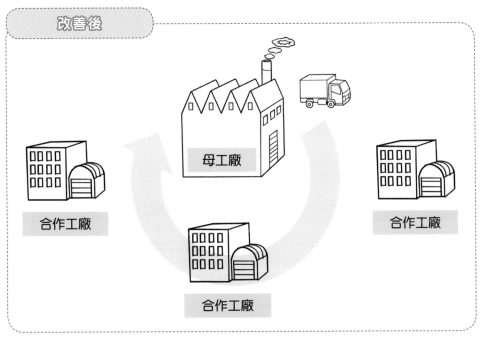

改善後

母工廠

合作工廠

合作工廠

合作工廠

物量／時段	7時	8時	9時	10時	11時	12時	13時	14時	15時

每小時的物量變化
深色：改善前
淺色：改善後

平均

3.2 物流改善
物流革新案例

物流革新效益——活用資金增加！

(削減半成品 → 現金融資需求減少 → 剩餘金增加)

(現金週轉天數增加)

半成品削減前

資產

半成品	應收帳款
20 天	60 天

負債

應付帳款	現金融資需求
50 天	30 天

半成品削減後

資產

半成品	應收帳款
10 天	60 天

負債

應付帳款	現金融資需求	剩餘金
50 天	20 天	

物流革新效益——半成品是首要之惡？

(突顯半成品隱藏的問題)

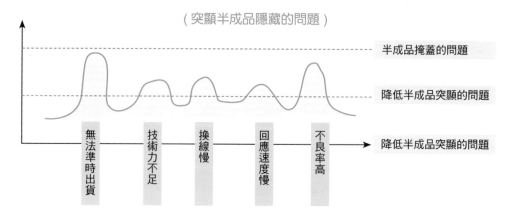

半成品掩蓋的問題

降低半成品突顯的問題

降低半成品突顯的問題

無法準時出貨　技術力不足　換線慢　回應速度慢　不良率高

3.2 物流改善
物流革新案例

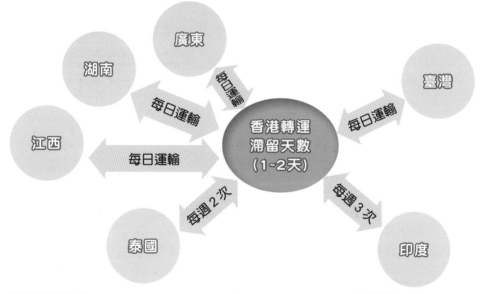

實態調查結果

1. 在庫金額：運費金額＝ 206：1
2. 物流頻率：大陸工廠←→香港已達到每日運輸。

革新重點

各海外據點在庫削減。

革新主軸

◆【在庫】：是物流庫存成本、管理成本、作業成本、運輸成本的根源。

◆革新主軸：【削減各據點在庫】。

◆物流革新是【高階管理者】的活動。

◆重點在【最低的作業總成本】，而非【最低的單價策略】。

◆事業部門長應主導各事業部間【物流模式革新】。營業、採購、關務必須協力。

◆革新活動成效，由財務指標體現。

◆在庫金額高的事業部先行革新。

3.2 物流改善
物流革新案例

單位：美金

事業部	A	B	C	D	E	F	G
在庫金額	16,156,557	6,999,471	5,854,054	5,743,952	5,152,800	4,372,330	3,821,172
物流 (在庫＋倉管) 小計	16,169,022	7,025,125	5,863,847	5,753,687	5,170,047	4,387,304	3,834,273
營業額	20,777,703	16,846,888	5,333,718	10,239,357	4,180,890	9,512,133	3,194,713
在庫週轉天數	20	11	29	15	32	12	31
物流週轉天數	20	11	29	15	32	12	31

事業部	H	I	J	K	L		集團小計
在庫金額	2,335,538	1,366,452	967,344	591,809	544,295		54,848,254
物流 (在庫＋倉管) 小計	2,348,629	1,371,968	973,865	605,268	544,295		55,766,215
營業額	423,933	1,296,073	1,706,643	904,118	722,160		76,396,006
在庫週轉天數	143	27	15	17	58		19
物流週轉天數	144	28	15	17	58		19

■ 2006.6 集團在庫天數實績 19 天

■革新目標：各事業部在庫天數目標 10 天以下 (挑戰在庫減半)

革新架構

階段	重點工作	預期效果	日程
氣氛逐漸形成		●計畫修正 ●自我挑戰	
效益初步彰顯	成果發表會	●成果分享的喜悅 ●持續推進的動力	十月
	供應鍊垂直整合　供應商＋製造＋客戶		
願意試試看	改善計畫作成 (一年) 野沢老師指導	●發現問題 ●設法克服 ●垂直整合	八月 九月
	模範職場		
意識不足	模範職場、優秀案例分享	●隨眾效應 ●方向指引 ●成果分享	八月

物流革新各擔當者任務執掌

負責人	任務	目標
董事長、總經理	1. 設定目標 2. 公司間的對應協調 3. 決策	企業營運模式定位
事業部門長	1. 物流模式決策 2. 事業部物流目標責任者 3. 其他項目活動同步推進	1. 物流作業最低總成本 2. 外在環境綜合考量 3.「技術力」提升專案同步推進 4.「生產革新」持續推進
採購部門長	1. 自製 / 外包管理 2. 寄售庫存 3. 現地調貨	1. 建立採購模式 2. 彈性數量＋最低「作業成本」 3. 最低作業成本
營業部門長	1. 營業敏感天線 2. 正確資訊回饋 3. 快速回應生產單位	1. 停止生產削減損失 2. 準確的預測：市場研究、需求模型、壽命週期

在庫天數推移案例

單位：美金	二月	六月	七月	八月	九月	十月	十一月	平均
在庫金額	$47,356,595	$54,260,387	$62,746,573	$64,891,767	$70,171,467	$56,320,292	$64,304,578	$70,008,610
工作天數	28	30	31	31	30	31	30	30
營業額	$41,918,805	$75,138,329	$81,582,917	$92,264,442	$117,700,888	$104,039,989	$90,314,825	$100,493,366
在庫天數	31.6	21.7	23.8	21.8	17.9	16.8	21.4	20.9

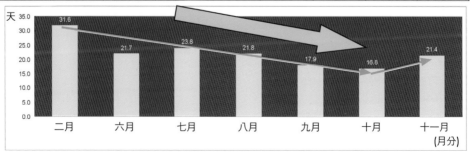

在製造企業中，有許多人在產線上設置機台、配置治具或其他工程，投資巨資在直接關聯的部分，希望提高生產效率。但是對於從投入材料到製造生產線，在工程間移動的零件、製品的裝卸或搬運等，間接產生的這些費用卻不太關心。

為了要調查實際狀況，從工廠內布置現狀製作搬運路線圖，調查搬運距離或裝卸、取放次數結果，發現驚人的事實是搬運距離或種種「動作的浪費」都浮現出來。另外，現場所使用的搬運道具「叉車」、「手動叉車」、「手推車」等各工程，都希望保有「方便性」，根本不重視其稼働率。

我們必須要瞭解這些「削除浪費」，對降低成本有多大的貢獻。

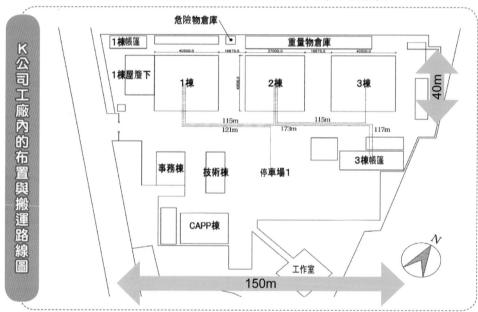

K 公司製品搬運路線調查實例

1. 組裝材料移動：3 棟帳篷 → 2 棟 (組裝) ＝ 117m (1 次)
2. 組裝完成品移動：2 棟 (組裝) → 1 棟 (捆包) ＝ 115m (1 次)
3. 組裝未使用 (限出貨) 零件移動： 3 棟帳篷 → 1 棟 (捆包) ＝ 173m (1 次)
4. 出貨捆包移動：1 棟 (捆包) → 停車場 ＝ 121m (2 次)

　　　　　　　 完成 1 台合計移動距離 ＝ 647m

　　　　　　　 ★來回：647m × 2 ＝約 1,500m

　　想要的物品在想要的時間，只購買需要的量，對買方來説大大提高了方便性。

　　換句話説，買方從下訂單到收貨所花的時間越短，買入的可能性就提高，這也是網購或電視購物蒸蒸日上的原因。這「從下訂單到收貨所需的時間」，一般我們稱之為「交貨時間」。

　　從賣方角度來看，交貨時間是從收到訂單到交貨所花的時間。

　　因此，賣方應該利用縮短交貨時間來作為與其他公司競爭的優勢。

賣方立場的前置時間							
材料訂購 材料倉庫	第1 工程 加工 時間	工程間 在製品	第2 工程 加工 時間	工程間 在製品	第X 工程 加工 時間	最終工程 在製品	出貨 準備
交貨等待的時間 （停滯的時間）						準備交貨的時間 （進行中）	

👉 縮短交貨時間的手法

(1) 看得見的管理	➡	設置冷藏庫、超市，並限制半成品在庫量
(2) 縮短物流時間	➡	規劃流程 / 降低缺料率 / 專職調配人員（定時、定量搬運）
(3) 縮短加工時間	➡	工程間 Line Balance / 改善瓶頸工程 / 削減不良
(4) 混流生產	➡	從集合生產到混流生產
(5) 小批量化	➡	以細胞生產方式來改善，生產量小批量化 / 平準化
(6) 改善收貨	➡	實行循環收貨方式
(7) 捆包革新	➡	與最終工程同期化 / In Line 化 / 多能工化
(8) 改善訂購	➡	禁止訂購過量 / 小批量訂購（適量的安全庫存）

3.5 物流改善
縮短交貨時間案例

這家工廠製造的是大型重量製品，如公園長椅、兒童遊樂設施等。在廣大的土地建寬鬆的廠房、設備位置布置寬裕的特徵下，廠房間的距離遠，材料、零件、製品的移動距離也長。(請參照物流動線圖的認識與確認) 另外，工程間放置半成品的地方狹窄。以「交貨時間實際狀況調查表」來看，就可知道製程短的生產工程編排都長達 150m，並且工廠全體的氣氛對於縮短「交貨時間」的意識反倒薄弱。

K工廠內的布置與搬運路線圖

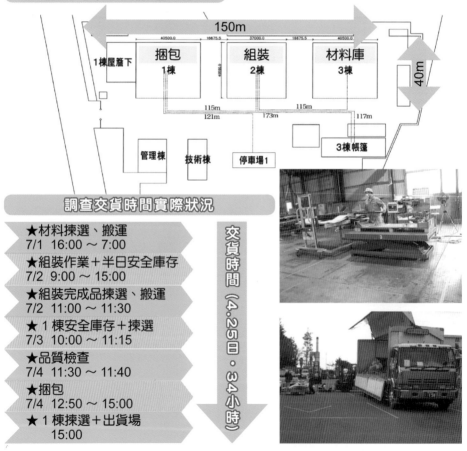

150m

| 1棟屋簷下 | 捆包 1棟 | 組裝 2棟 | 材料庫 3棟 |

40500.0　16675.5　37000.0　16675.5　40500.0

40m

115m　　115m
121m　　173m　　117m

管理棟　技術棟　停車場1　3棟帳篷

調查交貨時間實際狀況

★材料揀選、搬運
7/1 16:00 ～ 7:00

★組裝作業＋半日安全庫存
7/2 9:00 ～ 15:00

★組裝完成品揀選、搬運
7/2 11:00 ～ 11:30

★1棟安全庫存＋揀選
7/3 10:00 ～ 11:15

★品質檢查
7/4 11:30 ～ 11:40

★捆包
7/4 12:50 ～ 15:00

★1棟揀選＋出貨場
15:00

交貨時間（4.25日・34小時）

K工廠縮短交貨時間案例（改善後）

　　對「縮短交貨時間」的知識、意識，總是抱持冷漠態度的企業很多。此企業也不例外，意識萌芽的契機是參觀了其他企業之後，想法徹底的改變了。例如看得見的管理所提到的「出貨管理看板」，正是參觀時所學到的知識。將所吸收到的知識運用到全公司，而使公司往更好的方向前進。山田老師經常提起就是要從「出貨管理看板」做起。在出貨管理看板定出每日出貨時間，很自然的前工程也好，前前工程也會定出生產加工時間。

　　藉由此改善方法提案，K工廠即刻執行改善後的結果，證實與縮短交貨時間確實相關。

改善縮短交貨時間：組裝＋檢查＋捆包

★材料準備・1棟搬運
10分

★組裝
22分

★品質檢查
1分

★捆包
16分

★2棟→1棟搬運
1.5分

★1棟揀選、出貨場搬運
5分

★出貨場、揀選
1.5分

出貨時間（57分鐘）

改善後配置圖

工具箱

冷藏庫　材料　組裝作業台　冷藏庫　附屬零件

冷藏庫　捆包材　捆包作業台

完成品超市

改善成果
＊改善前的交貨時間
34小時（4.25日）

＊改善後的交貨時間
57分鐘

組裝作業台

捆包作業台

5S活動推

3.6 物流改善
運輸頻率與庫存成本的變化

　　「搬運浪費」就是距離與次數能少就儘量少，想盡辦法去排除搬運上的浪費。但是，另一方面工廠之間、合作公司之間，會有1日1次～3日1次、或者是1週1次搬運的頻率，這種物流的交換。在搬運費削減上無法忽略，卻相反的增加了庫存量。

　　請參考下圖「收貨次數與零件容納空間、庫存量的關係」來考慮，是恰當的對應。

1日1次收貨　　　　　　　　　零件容納空間與庫存量的變化

1次8小時份收貨×1次

1日2次收貨

1次4小時份收貨×2次

1日4次收貨

1次2小時份收貨×4次

註：以上三種運送方式，完全不會影響生產線生產。

3.6 物流改善
運輸頻率與庫存成本的變化

不要只著重在運輸次數、費用上！應轉移重點在庫存金額削減！

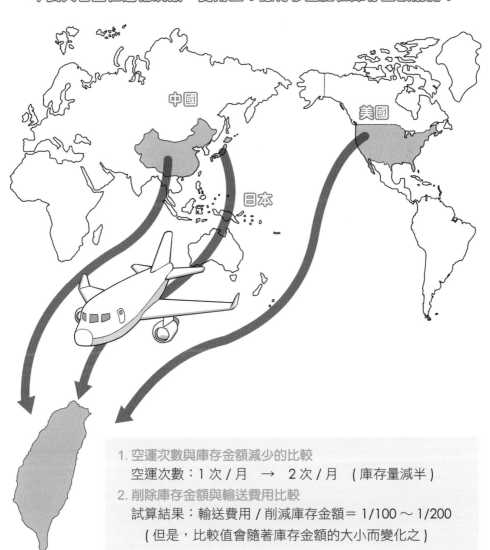

1. 空運次數與庫存金額減少的比較
   空運次數：1 次 / 月　→　2 次 / 月　（庫存量減半）
2. 削除庫存金額與輸送費用比較
   試算結果：輸送費用 / 削減庫存金額 = 1/100 ~ 1/200
   （但是，比較值會隨著庫存金額的大小而變化之）

3.7 物流改善
「線」的改革流程

零件訂購改革
廢除安全庫存

★禁止過量訂購
★採購前置工時
★導入外包看板方式
★縮短加工前置工時

＊前置工時：8W→4W
＊內部前置工時：12W→5W

6個月

收貨到貨改革
收入批量極小化

★重估收貨批量
★外包地址管理

＊收貨單位：基本100個為單位
＊包材體積最小化

＊指定卡車收貨時間
＊指定卡車貨場位置
＊到貨～產線投入限30分鐘
＊禁止分裝作業

3個月

外部倉庫改革
社內倉庫改革
廢除自動、零件倉庫

★縮小外部倉庫
★海外零件工廠
　貨櫃裝箱
★廢除自動倉庫

＊地址訂購、到貨、辦事處
　直接收貨 (不用倉庫)
＊第2、統合現場冷藏庫
＊螺絲、螺母類採用cook (料理)
　方式

3個月

社內工程改革
後工程拉式

★撤輸送帶、拉緊距離
★設置冷藏庫、超市
★活用生產管理看板
★組件內製化、同期化
★U製品區內全部承包制
★塗裝工程平準化
★MO成型週單位生產
★實際總工程日量化

＊在省空間內
　開始U製品區內全部承包制

3個月

捆包工程改革
組裝 In Line 化

★撤輸送帶、拉緊距離
★組裝In Line化
★副資材看板式訂購

＊副資材、直接送入使用現場
＊適合國內工廠的包裝方式

3個月

生產方式改革
用細胞生產做平準化

★平準化→細胞生產
★出貨管理看板與
　生產管理看板同期化
★後工程進化為拉式

＊小批量單位的搬運
　(用零件、製品等的時間單位來
　搬運)

6個月

餘留問題點

(1) 支付費用、直接收貨零件→持有化；(2) 直接接受銷售商訂貨；
(3) 間接單位減半

Part **6**

平準化篇

1.1 平準化
所謂的平準化

過去的生產方式

	1	2	3	4	5	6	7	•	•	•	•	•	25	26	27	28	29	30
月單位	◎	◎	◎	◎	◎	◎	☆	☆	☆	☆	○	○	○	○	○	○	☆	☆

平準化生產（週單位）

	1	2	3	4	5	6	7	•	•	•	•	•	25	26	27	28	29	30
週單位	◎	◎	☆	○	○	○	◎	☆	○	○	◎	◎	☆	○	○	○	◎	☆

平準化生產（日單位）

	1	2	3	4	5	6	7	•	•	•	•	•	25	26	27	28	29	30
日單位	◎☆○	◎☆○	◎☆○	◎☆○	◎☆○	◎☆○	◎☆○	◎☆○	◎☆○	◎☆○	◎☆○	◎☆○	◎☆○	◎☆○	◎☆○	◎☆○	◎☆○	◎☆○

　　製造業所謂的平準化是將各式各樣種類的製品平均拆開來生產，也可以考慮與同樣的製品集結起來生產的批量生產模式做比較。

　　平準化的手段內含「換線」的意識。過去，換線需要花較長的時間，所以大都認為選擇用大批量生產方式效率會比較高。但是這種方法卻反而會造成製造過量、更多的停滯、動作、搬運的浪費，所以建議換線作業應該在10分鐘以內完成，以「簡單的換線」來做即可。

　　所以，切換為「小批量生產」是作為「降低成本」的墊腳石。

平準化：在能夠滿足客戶需求的前提下，沒有過度浪費與不平均化的生產。

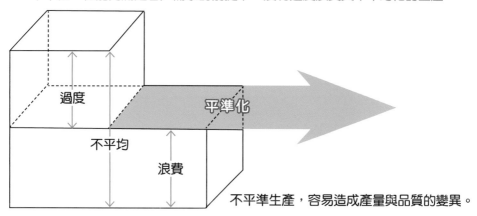

過度

平準化

不平均

浪費

不平準生產，容易造成產量與品質的變異。

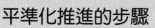 **推進的步驟**

① 依客戶需求展開每日需求產量
② 依日量做 ABC 分類決定批量大小
③ 依生產批量決定投產週期
④ 依多機種少量混載方式生產
⑤ 完成一人化的細胞生產線

項　目	一般計畫生產	平準化生產
基本觀點	填滿工廠稼働，可以多做庫存的一種生產計畫	滿足市場，不多做庫存，同時兼顧生產穩定為出發點
計畫特徵	因彈性不足，客戶需求一旦變動，計畫必須隨之變動	客戶需求連結生產計畫，僅做小幅度調整
作業方式	大批量生產	小批量生產
效率與能率	個別效率高	全體能率高
庫　存	多	少
換線頻率	少	多

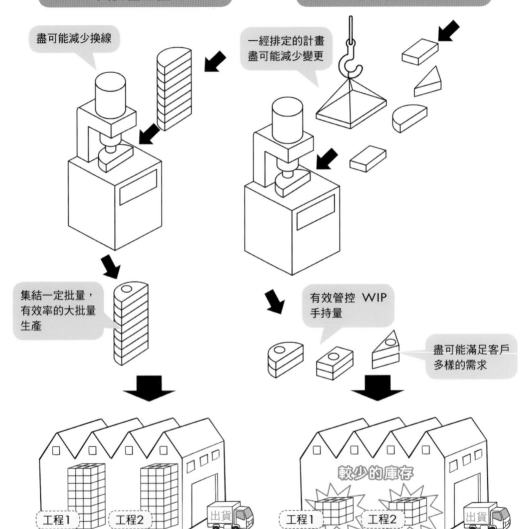

大批量生產	小批量生產

盡可能減少換線

一經排定的計畫盡可能減少變更

集結一定批量，有效率的大批量生產

有效管控 WIP 手持量

盡可能滿足客戶多樣的需求

工程1　工程2　出貨

較少的庫存

工程1　工程2　出貨

一般計畫性生產是盡可能集結成批的效率化生產方式

平準化的生產方式是將一個月的需求量，平均至每日的一種彈性與快速對應客戶需求的生產方式

2.3 一般計畫與平準化生產計畫
工程平準化生產的優點

工程A	工程B	工程C (最終工程)	出貨

改善順序

最終工程或出貨的平準化,是平準化的第一步,也是最重要的

因為小批量生產,可以提早發現並解決品質變異,逐步落實對客戶品質保證的承諾

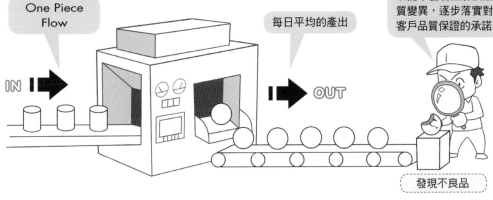

One Piece Flow

每日平均的產出

IN

OUT

發現不良品

平準化的目的,是為了消除庫存品與在製品的浪費

因為生產線沒有不平均的現象,在庫品變少,使得生產能更機動與彈性的對應銷售需求的變動,這就是所謂的平準化。

2.4 一般計畫與平準化生產計畫

製造與販售連結案例

製品共 19 個機種，10 種顏色，輸往 48 個輸送地，實際式樣 265 個

機種	顏色	表蓋標誌	48個輸送地		
A	黑色	印刷	MIC	ED (歐洲)	丹麥
B			Wal Mart	英國	QVC
C	銀色		Pamrla	Argos	馬爾他
D			SHOU KO	德國	克羅地亞
E	酒紅色		Synnex CA	Vistanta	中東
F			Pontao	Numoric	Synnex USA
G	粉紅色		Kmart	Peflecta	American TV
H			D&H	希臘	WalGreens
I	淺紅色		HSN	愛爾蘭	Radio Shack
J			Sears	MCC	Tircer Direct
K	紫色		JAACX	葡萄牙	俄羅斯
L			SYNNEX	奧地利	新加坡
M	黃色		GIC	瑞士	白俄羅斯
N			AU (澳洲)	西班牙	CH (中國)
O	金黃色		以色列	法國	HK (香港)
P			臺灣	Longs Drugs	BBK
Q	藍色				
R		鑽切			
S	綠色				

改善前 營業提供的內示計畫，必須明確機種、數量、式樣。

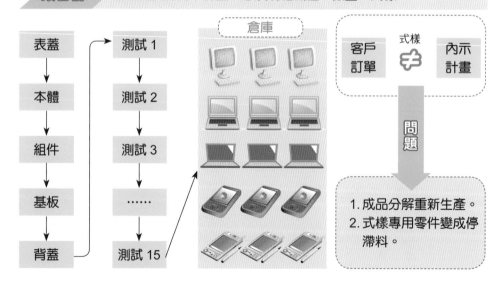

表蓋 → 本體 → 組件 → 基板 → 背蓋

測試 1 → 測試 2 → 測試 3 → …… → 測試 15

倉庫

客戶訂單 ≠ 內示計畫 式樣

問題

1. 成品分解重新生產。
2. 式樣專用零件變成停滯料。

改善後 　營業提供的內示計畫，必須明確機種、數量，但不需要明確式樣。

本體 → 組件 → 基板 → 測試 1 → 測試 2

測試 3 → 測試 4 → 測試 5 → …… → 測試 15

訂單來了
明示顏色、式樣、輸送地

入庫

半成品庫存倉庫

指示生產

出庫

依訂單式樣組裝
表／背蓋及品檢

入庫

成品倉庫

出庫

依輸送地包裝、
捆包、出貨

3.1 換模作業改善

所謂換模作業改善

換模改善對製造業來說，是為了使製造成本降低的重要手法。

近幾年，多品種少量化與短交期化相對應的生產體制變得重要，因應小批量，生產切換所占的時間增多，使得生產正常運行時間降低、成品率降低等的現象發生。沒有抓住換模改善的關鍵，不知不覺中成本將會增高，更有成為不賺錢工廠的可能性。

換模時間是「某產品的加工完成之後，切換為下一產品的加工，直到能順暢地開始生產為止的時間」，三大階段步驟如下所述。

第1階段：換模時間的現狀把握

現狀把握工廠內作業員的工作總時間，換模的作業時間所占的比例及其作業內容。

其次，進行每台機器或每工程中實際所耗費在換模時間的調查。

這時候如果以錄影機來進行攝影的話，就能把握詳細的問題點。

第2階段：換模工作的區分

外部換模	1. 將下一工程要取用的模具搬運至機器附近 2. 吊具的準備 3. 治具類的準備	使機器不停的作業	準備作業
內部換模	1. 放鬆固定的螺絲 2. 模具的更換 3. 鎖緊固定的螺絲 4. 尺寸調整	機械停止狀態下的作業	切換作業
外部換模	取下模具的整理	不停止機械狀態下的作業	作業整理

第3階段：換模作業的改善

★ 把內部換模作業改成外部換模作業：將模具的升溫等作業於機器取付之前，預先完成。

★ 內部換模作業的縮短：使用的治具等予以標準化，以縮短調整作業的時間。

★ 尺寸確認的縮短：排除浪費的動作。

★ 外部換模作業的縮短：治具以組套為單位，每小箱編號管理。

★ 如果想要有更大的換模時間縮短的話，在模具結構、取付結構等的改造上，是有必要投資的。

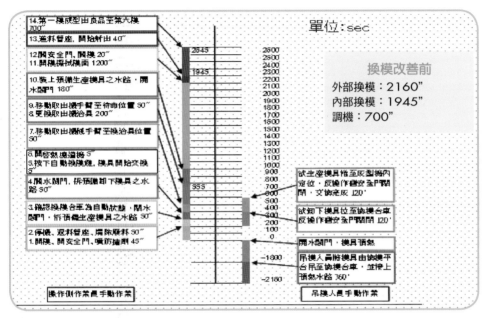

單位：sec

換模改善前

外部換模：2160"
內部換模：1945"
調機：700"

操作側作業員手動作業　　　　　吊模人員手動作業

目標設定

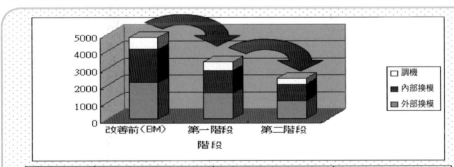

單位：sec	改善前（BM）	第一階段	第二階段
外部換模	2160	1512	1080
內部換模	1945	1362	972.5
調機	700	490	350
合計	4805	3364	2403

3.3 換模作業改善

換模時間縮短實施計畫案例

縮短換模時間改善計畫

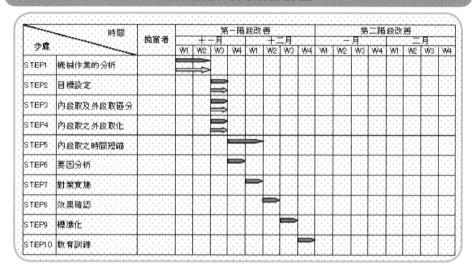

步驟	時間	擔當者	第一階段改善 十一月				十二月				第二階段改善 一月				二月			
			W1	W2	W3	W4	W1	W2	W3	W4	W1	W2	W3	W4	W1	W2	W3	W4
STEP1 機械作業的分析			→	→														
STEP2 目標設定					→													
STEP3 內段取及外段取區分					→													
STEP4 內段取之外段取化						→												
STEP5 內段取之時間短縮							→											
STEP6 要因分析								→										
STEP7 對策實施									→									
STEP8 效果確認										→								
STEP9 標準化										→								
STEP10 教育訓練										→								

內/外換模區分與縮短改善

步驟	工作內容	現況 工作內容(sec) 作業	走動	檢查	時間(sec)	距離(M)	內段取	外段取	調整	問題點	改善手法 5M	內段取	外段取	調整	說明 SWay/ECRS	預計節省時間(sec)
1	準備、潔料首座、清除廢料	35	10		45	1		○								
2	關機、關安全門、項防護罩	40	10		50	2	○						○			
3	磁取換模台架身自動壯給、關水閥門，拆接普主壓模具之水路	40	10		50	5		○		橫入、換與換具後卸在成型機復現作業，改花費時間走動	方法		○		5W+S簡化	20
4	關水閥門，拆接普知下模具之水路	40	10		50	5	○									
5	按下自動換模鍵，模具開始交換	5			5		○									
6	關閉防護直接	5			5		○									
7	移動取出機械手臂至換浴具位置	50			50						方法	○				15
8	更換取出機浴具	170	20	10	200	2	○			浴具眾累複品覽，花時間找浴具	設備	○			5W+標準化	50
9	移動取出機手臂至待命位置	50			50		○			取出機移動遠座模	方法	○			S簡化	15
10	裝上模具主壓模具之水路，關水閥門	160	10	10	180	2	○			管路沒有使用顏色，容易弄錯，帶花時間檢查	設備	○			標準化	60

SW:S為什麼

ECRS：S刪除、C合併、R重組、S簡化

目標達成狀況

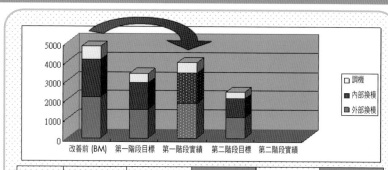

單位：sec	改善前（BM）	第一階段目標	第一階段 實績	第二階段目標	第二階段 實績
外部換模	2160	1512	1830	1080	
內部換模	1945	1362	1560	9725	
調機	700	490	560	350	
合計	4805	3364	3950	2403	

縮短改善換模時間

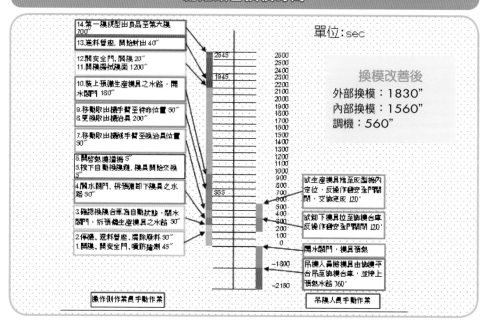

單位：sec

換模改善後
外部換模：1830"
內部換模：1560"
調機：560"

Date _____/_____/_____

水平展開篇

經過生產革新基本知識的學習與行動的理解後，今後持續活動的 3 大重點：

1. 永不停止的革新活動
2. 工廠間的交流活動
3. 上司的支援

未來將以 Doctor System、模範職場建立與年度發表大會，來落實此 3 大重點，同時也必須具備以下的方法與態度：

1. 培養一雙發現浪費的眼睛

是否能夠很敏銳的發掘 1 秒的浪費，關鍵在於管理監督者的資質。在職場巡迴的時候，要有發掘浪費的意識，每週至少須提出三件浪費的事。發掘浪費是要經過不斷的練習、失敗、再練習，2 ～ 3 回後，藉由不斷的經驗累積，終究能養成一雙發掘浪費的眼睛。所以，發現浪費是專業的養成過程。

2. 今天發現浪費，今天排除

如果發現了浪費，應立即叫擔當管理者到那個現場，使他理解浪費的狀況，在那個現場立即排除浪費。職場長要明確指示今天之內需要改善完畢，且下班之前要提出改善報告。

※ 改善輕易完成，增加自信的方法：

選定：比較簡單的工程

(1) Cycle Time 很短的工程 (1 ～ 2 分鐘以內的工程)

(2) 先向 5 ～ 6 人的小職場挑戰

3. 與其他工廠、其他製造廠經常性的意識交流

訓練結束後，工廠會出現士氣鬆弛的現象，生產管理板、出貨管理板等也會疏於記載，省人的成果減少，好不容易訓練的革新意識與技能也化為烏有，必須預防這種危機發生的可能性。管理監督者需要經常不斷地巡迴工廠，對管理看板做出評價與指示，並支援部屬感到困難的事，使部屬每日都有緊張的感覺。另外，應該多與其他工廠交流、互相學習，並做訊息交換。在跟其他工廠比較的同時，更必須著眼於企業未來 5 年、10 年，而循序漸進的改善，務必促使企業體質的提升。如此一來，就能成為高獲利的公司，也比其他公司更具競爭優勢的條件。

2.1 **Doctor System**
前言 / 參與成員及活動方式

　　為了落實前頁所述的永不停止活動、工廠間交流活動及上司的支援 3 大重點，以達成高層的經營目標，實現全面成本減低，須定期舉行高層職場巡迴活動。希望在各事業部長的帶動下，成本減低的意識能在全員心中生根，同時也為高層管理監督者提供一個更加深入瞭解自我事業部內同仁努力的情況。

參與成員及活動方式

參與成員

1. 總經理 (一次 / 三個月)

2. 事業部長 (一次 / 一個月)

3. 生產革新事務局

4. 本事業部 IE 人員

5. 本事業部改善小組成員

活動方式

由事業部長領隊，每個月一次依事務局所定之主題，到該所屬事業部職場巡迴，由所到職場主管出面來介紹該職場的成本減低成果及實地參觀後，由領隊進行評價及提出質詢，今後改善要求。

現場實例解說

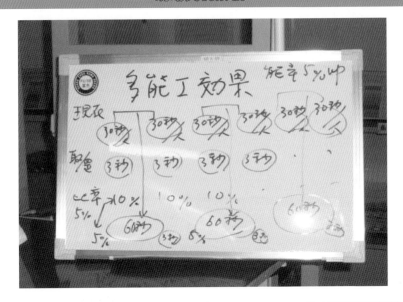

浪費發掘

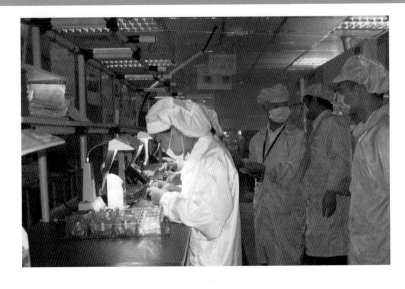

3.1 模範職場建立
選定經典改善範例

　　經過生產革新基本知識的學習與活動之後，事業部間管理水準產生差異，即便是同一個事業部內，水準亦有高低之別。

　　經過定期對各事業部以重點課題進行評比後，發現得點差異最大的有將近 3 倍之多，在彙整各重點課題高得分事業部的經典改善案例，供其他事業部分享學習，同時透過模範職場的建立，引領隨眾效應，確保持續改善與業界領先的地位。

重點課題 職場巡迴 事業部	1 整理整頓	2 目視管理	3 標準作業	4 快速換模	5 生產線平衡	6 多能工	7 Cell建構	8 在製庫存削減	9 LT短縮	10 自動化	得點
	◎	○	○		○	◎	◎	○	○		20
	◎	○	◎		○	○	◎	○	○		19
	○	○	△		○	△	△	△	△	△	12
	◎	○	◎		○	◎	○	○	○	△	24
	◎	○	○		○	○	○	○	○		22
	◎	○	○		◎	△	○	△	○	◎	18
	◎	○	○	○		◎	○	○	◎	△	25
	△	△	△	△		△	△	△	△		9
	○	○	○	○		○	○	○	△	△	14
	◎	○	○		○	○	○	○	◎		16
	○	△	△	△		△	△	○	△		9
	◎	○	○	△		○	○	○	◎		19

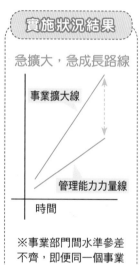

實施狀況結果

急擴大，急成長路線

事業擴大線

管理能力力量線

時間

※事業部門間水準參差不齊，即便同一個事業部內，水準亦有高低。

◎3點：模範系列建構完成
○2點：模範工程建構完成
△1點：需再加強
※得點18分以上（水準之上）
※得點18分以下（重點輔導對象）

3.2　模範職場建立

生產革新專案範例 1/5

塗裝工程生產革新專案

塗裝 UV 工程良率提升
(良率○○%，人員削減○○%)

UV線隔離罩	靜電吹塵	輸送帶清潔

擔當：○○○

看得見管理
(引取時間、責任者明確)

印刷區 超市、冷藏庫	乾燥區 超市、冷藏庫	塗裝區 超市、冷藏庫

擔當：○○○

生產革新（統括責任：○○○）

擔當：○○○

Relayout	引取手遞 看板實施	QC超市、QA冷藏庫/ 超市、捆包冷藏庫 取消

QC、QA、捆包合併
(庫存/ L.T. 30% 削減)

擔當：○○○

動作浪費 削減	生產線平衡	塑膠上治具 試行

上治具省人
(10 人 → 8 人)

塗裝UV工程良率提升專案

STEP1

- 課題選定
- 對象選定
- 實態調查
- 目標設定
- 施策提取
- 施策計畫
- 進度管理
- 結果評價

吹塵	溫濕度管理	落塵量管理	塗料

| 靜電 | 氣槍 | | 輸送帶 | 地板 |

塗裝UV工程良率提升專案

正負壓控制	隧道清潔	送風口	自動線 機械線

對象選定

STEP2

- 課題選定
- 對象選定
- 實態調查
- 目標設定
- 施策提取
- 施策計畫
- 進度管理
- 結果評價

層別條件					改善對象部番
特性	困難度	中	○○○	○○○	○○○
	精度	高	○○○	○○○	○○○
	Size	中	○○○	○○○	○○○
	○○○				共○○點
	○○○				
生產量		高	中	低	工時
製品別		按鍵	鏡筒	前蓋	○○ Hrs
廠商別		○○○	○○○	○○○	

塗裝 UV 工程九月分總工時○○Hrs，改善對象工時占總工時○○%

對象部品確定

實態調查

STEP3

- 課題選定
- 對象選定
- 實態調查
- 目標設定
- 施策提取
- 施策計畫
- 進度管理
- 結果評價

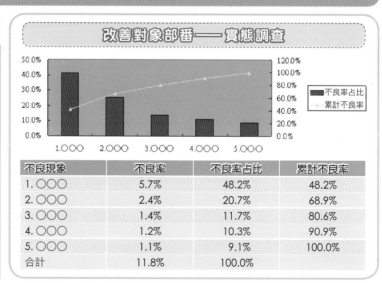

改善對象部番——實態調查

不良現象	不良率	不良率占比	累計不良率
1.○○○	5.7%	48.2%	48.2%
2.○○○	2.4%	20.7%	68.9%
3.○○○	1.4%	11.7%	80.6%
4.○○○	1.2%	10.3%	90.9%
5.○○○	1.1%	9.1%	100.0%
合計	11.8%	100.0%	

目標設定

- 課題選定
- 對象選定
- 實態調查
- **目標設定**
- 施策提取
- 施策計畫
- 進度管理
- 結果評價

		十月 (BM)	十一月 (目標)	十二月 (目標)
對象部番總不良		11.6%	9.5%	8%
不良現象	1.○○○	4.6%		
	2.○○○	3.0%	第一階段目標	
	3.○○○	1.7%	11.6% → 8%	
	4.○○○	1.3%	CD 30%	
	5.○○○	0.9%		

目標分解

十月 BM		十二月目標
1.○○○	4.6%	3.2%
2.○○○	3.0%	2.1%
3.○○○	1.7%	1.2%
4.○○○	1.3%	0.9%
5.○○○	0.9%	0.6%

施策提取

- 課題選定
- 對象選定
- 實態調查
- 目標設定
- **施策提取**
- 施策計畫
- 進度管理
- 結果評價

腦力激盪 (工具：5M×不良現象 矩陣)

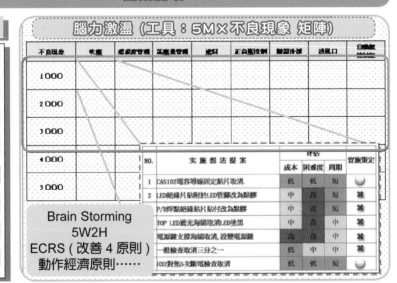

Brain Storming
5W2H
ECRS (改善 4 原則)
動作經濟原則……

模範職場建立
生產革新專案範例 4/5

施策計畫

STEP6

課題選定 / 對象選定 / 實態調查 / 目標設定 / 施策提取 / **施策計畫** / 進度管理 / 結果評價

前三項不良為主要施策對象

▼ 已實施　　▽ 未實施

不良現象	對策施策	擔當者	預期效果	10/W5	11/W1	11/W2	11/W3	11/W4	12/W1	12/W2	執行結果	實際效果
1.000	1		4.80%	▼	▼	▼						
	2		↓		▼	▼						
	3		3.20%		▼	▼	▼	▼	▼			
	4					▼	▼					
	5				▼	▼						
2.000	1		3.00%	▼	▼	▼						
	2		↓	▼	▼	▼		▼				
	3		2.10%		▼	▼	▼		▼			
	4											
	5			▼								
3.000	1		1.70%			▼	▼	▼				
	2		↓									
	3		1.20%				▼	▼				

進度管理

STEP7

課題選定 / 對象選定 / 實態調查 / 目標設定 / 施策提取 / 施策計畫 / **進度管理** / 結果評價

每月 / 週 進度追蹤

▼ 已實施　　▽ 未實施

不良現象	對策施策	擔當者	預期效果	10/W5	11/W1	11/W2	11/W3	11/W4	12/W1	12/W2	執行結果	實際效果
1.000	1		4.80%	▼	▼	▽					OK	
	2		↓	▼	▼	▼					NG	
	3		3.20%		▼	▽					OK	
	4					▽	▽				OK	
	5				▽	▽					Pending	
2.000	1		3.00%									
	2		↓									
	3		2.10%			本週						
	4											
	5											
3.000	1		1.70%									
	2		↓									
	3		1.20%									

OK：成功　　NG：失敗　　Going：執行中　　Delay：遲週

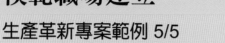

3.2 模範職場建立
生產革新專案範例 5/5

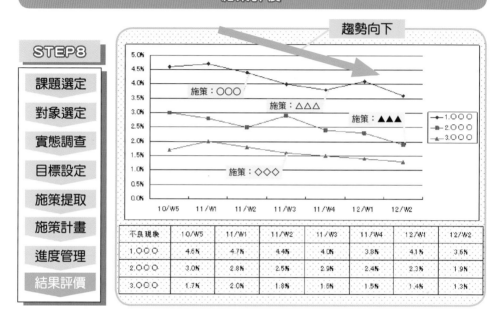

STEP8

- 課題選定
- 對象選定
- 實態調查
- 目標設定
- 施策提取
- 施策計畫
- 進度管理
- 結果評價

趨勢向下

施策：○○○
施策：△△△
施策：▲▲▲
施策：◇◇◇

不良現象	10/W5	11/W1	11/W2	11/W3	11/W4	12/W1	12/W2
1.○○○	4.6%	4.7%	4.4%	4.0%	3.8%	4.1%	3.6%
2.○○○	3.0%	2.8%	2.5%	2.9%	2.4%	2.3%	1.9%
3.○○○	1.7%	2.0%	1.8%	1.6%	1.5%	1.4%	1.3%

　　由上述範例，我們可以學習到推動職場內生產革新專案，只要遵循下列 8 大步驟，循序漸進的推動下去一定有不錯的革新成效可期。

生產革新專案推動 8 大步驟

課題選定　對象選定　實態調查　目標設定　施策提取　施策計畫　進度管理　結果評價

4.1 召開年度發表大會
計畫日程 / 進行程序

計畫日程

項目 \ 日程	9月	10月		11月		12月	09-1月
年度發表大會	發表大會計畫書	事業部自行報名參加截止	發表名單最終確認	事業部提交發表報告截止	發表大會前期準備	年度發表大會召開	忘年會頒發年度大獎錦旗
	9月19日	10月10日	10月17日	11月24日	11月25日	12月13日	1月16日

大會進行程序

時間	內容	地點	參加人員
9:30-12:00	發表會預演	○○三樓第一會議室	各單位發表小組 事務局
13:00	發表會開始		長官 各事業部代表 總括事務局
13:00-13:20	○○長致辭		
13:20-13:30	總括事務局報告		
13:30-16:30	各組成果發表會		
16:30-17:00	○○顧問，○○事業部長，○○總經理講評		○○長 ○○顧問 ○○總經理 ○○事業部長 含經(副)理以上等長官
17:00-17:30	頒發 VIP 組獎品		
17:30	發表會結束		

4.2 召開年度發表大會
發表方式 / 評審基準

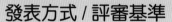

發表方式

1. 發表事業部：以輪流指定參加的事業部，促進良性學習競爭。
   * 每組發表人數限定 4 人
   * 發表順序事前抽籤決定，以利發表成員事先準備，順利演出。
   * 未參加發表事業部需派 1~2 位與會學習、觀摩。
2. 審查委員：處經理以上主管擔任，但如遇自己單位發表時則不評。
3. 審查基準如下表：

評分項目	分數(總分100分)
選題	20分
創新程度	30分
經營貢獻度	30分
士氣表現	10分
評審的觀點	10分

備註:評審分數之最高分與最低分不列入總分計算

項 目	內 容	得分區間
選題	A.大部分事業部都可平行展開	15-20
	B.少數事業部可平行展開	5-15
	C.只有各別事業部可對其加以應用	0-5
創新程度	A.非常優異，有創造力，可行性佳	20-30
	B.具可行性，創意一般，可平行展開	10-20
	C.無創意，只可在一點改善	0-10
經營貢獻度	A.經營貢獻度高且成本低減30%（含）以上	20-30
	B.經營貢獻度一般且成本低減16%~29%間	10-20
	C.經營貢獻度很差且成本低減在15%以下	0-10
士氣表現	A.人人精神抖擻，整體氣勢勢凌人	8-10
	B.各別組員精神委靡，或整體氣勢平平	5-7
	C.無精神	0-5
評審的觀點	A.很滿意	8-10
	B.一般滿意	5-7
	C.不滿意	0-5
總得分		

5.1 年度發表大會範例
革新活動主軸 / 課別損益管理

以下為 B 社 2007 年年度發表大會統括事務局報告範例，主要針對當年度革新活動主軸、活動效益與次年度活動展開計畫進行報告。

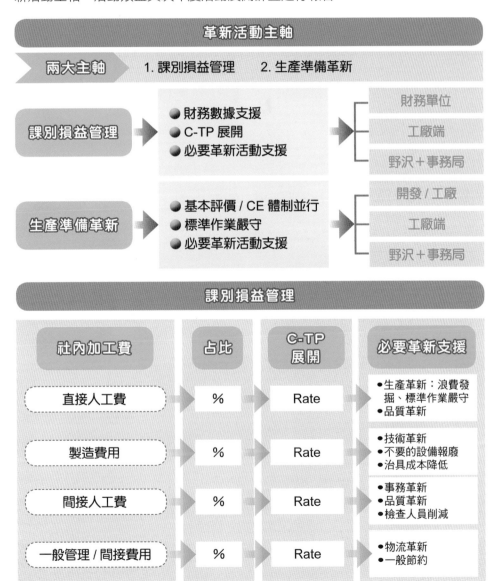

革新活動主軸

兩大主軸 1. 課別損益管理　　2. 生產準備革新

課別損益管理 ●財務數據支援 / ●C-TP 展開 / ●必要革新活動支援 → 財務單位 / 工廠端 / 野沢＋事務局

生產準備革新 ●基本評價 / CE 體制並行 / ●標準作業嚴守 / ●必要革新活動支援 → 開發 / 工廠 / 工廠端 / 野沢＋事務局

課別損益管理

社內加工費	占比	C-TP 展開	必要革新支援
直接人工費	％	Rate	●生產革新：浪費發掘、標準作業嚴守 ●品質革新
製造費用	％	Rate	●技術革新 ●不要的設備報廢 ●治具成本降低
間接人工費	％	Rate	●事務革新 ●品質革新 ●檢查人員削減
一般管理 / 間接費用	％	Rate	●物流革新 ●一般節約

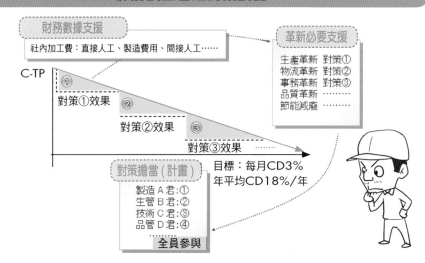

課別損益管理對策展開

財務數據支援

社內加工費：直接人工、製造費用、間接人工……

革新必要支援

生產革新　對策①
物流革新　對策②
事務革新　對策③
品質革新
節能減廢　………

C-TP

① 對策①效果
② 對策②效果
③ 對策③效果 ………

對策擔當（計畫）

製造 A 君：①
生管 B 君：②
技術 C 君：③
品管 D 君：④

全員參與

目標：每月CD3%
年平均CD18%/年

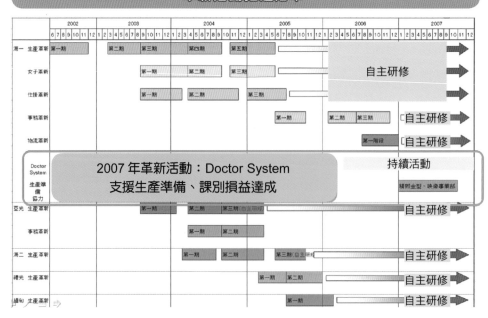

革新活動推進沿革

	2002	2003	2004	2005	2006	2007
湄一 生產革新	第一期	第二期　第三期	第四期	第五期		
女子革新		第一期	第二期　第三期		自主研修	
仕掛革新		第一期	第二期	第三期		
事務革新			第一期	第二期　第三期	□自主研修	
物流革新				第一階段	□自主研修	

2007 年革新活動：Doctor System
支援生產準備、課別損益達成

持續活動

精密金型、映像事業部

亞光 生產革新		第一期	第二期　第三期(自主研修)		自主研修	
事務革新		第一期　第二期				
湄二 生產革新			第一期　第二期	第三期(自主研修)	自主研修	
禮光 生產革新			第一期　第二期		自主研修	
彰旬 生產革新				第一期	自主研修	

5.3 年度發表大會範例
年度效益彙整 (省人)

革新活動績效彙整

效 益	小計	A事業部	B事業部	C事業部	D事業部	E事業部
省人 (人)	16,033	15,160	139	182	375	177
省空間 (m²)	35,305	28,972	1,016	1,067	3,549	701
節省金額 (NTD)	984,614,865	818,422,392	11,405,647	6,801,465	118,840,873	29,144,488

■節省金額不包含在庫削減績效

◎上列績效彙總計算基礎應由財務單位提供
◎上述績效均應經事業部門長承認後才屬確定

革新績效累計節省 NTD 984,614,865 元
(不包含庫存削減績效)

革新績效 (省人)

省人：16,033 人

單位:人	2002	2003	2004	2005	2006	2007	小計
A事業部	489	1,856	3,843	3,774	2,908	2,290	15,160
B事業部			89	46	4		139
C事業部				13	110	59	182
D事業部		32	44	119	118	62	375
E事業部				137	13	27	177
小計	489	1,888	3,976	4,089	3,153	2,438	16,033

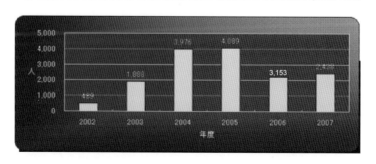

5.4 年度發表大會範例
年度效益彙整 (省空間、省金額)

革新績效 (省空間)

省空間：35,305 m²

單位:m²	2002	2003	2004	2005	2006	2007	小計
A事業部	2,970	5,678	10,092	4,729	3,940	1,563	28,972
B事業部			460	431	125		1,016
C事業部				129	878	60	1,067
D事業部		861	910	553	176	1,049	3,549
E事業部				439	128	134	701
小計	2,970	6,539	11,462	6,281	5,247	2,806	35,305

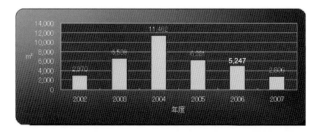

革新績效 (省金額)

省金額：NTD 984,614,865   ◎本金額不含在庫節省金額

單位: 新台幣	2002	2003	2004	2005	2006	2007	小計
A事業部	32,472,576	115,081,920	275,500,272	121,460,760	139,752,144	134,154,720	818,422,392
B事業部			6,262,300	4,364,907	778,440		11,405,647
C事業部				3,456,057	2,280,192	1,065,216	6,801,465
D事業部		9,494,598	14,778,783	39,023,992	35,621,760	19,921,740	118,840,873
E事業部				16,428,264	3,475,384	9,240,840	29,144,488
小計	32,472,576	124,576,518	296,541,355	184,733,980	181,907,920	164,382,516	984,614,865

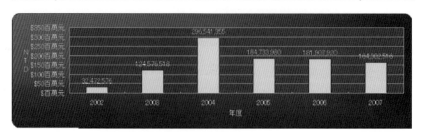

5.5 年度發表大會範例
後續展開計畫

問題點	今後活動
● 各職場間士氣與幹勁差異很大	● 重點職場選定
● 財務數據如果看不到，生產革新真的有效嗎？	● 革新活動支援目標管理
● 附加價值高的職場，管理能力反而不足	● 詳細活動立案

基本功夫 生產革新 Doctor System 繼續，情報蒐集 / 施策提供

	課題問題	生產革新 Doctor System	事務革新	技術革新	品質革新	生產準備
自我超越 課題達成	事務局的課題：課題速成型					
	①換模時間50%削減	○				
	②Lead Time 50%削減	○				
	③簡單自動化	△		○		
	④QC (問題解決) ↓ QA (問題分析與預防)	△			○	
現況復原 目標達成	事業部的問題 (建議項目)：問題解決型					
	①在庫10天以下	○				
	②間接比15%以下		○			
	③省人30%	○	○			
	④單位成本30%削減	△			○	
	⑤損品30%削減	△			○	
	⑥垂直量試 (兩個月內，直行率50% UP)	△				○

Date _____/_____/_____

Part 8

結語

1 堅強的信念與持續的努力

信念與努力

① 養成發現「浪費」的眼睛。

② 今日發現的「浪費」今日排除。

③ 經常與其他廠商、其他工廠、其他工作職場，進行經驗、觀念交流。

後記

　　花了約 10 年左右推行「削除浪費」活動，在山田老師的推動下開始。但剛開始時大家都不知道要從哪裡開始著手。現在想起來，從大分縣的中小企業開始，海外企業到現在支援栃木縣中小企業的過程中，是從多少的失敗學習到這麼多的知識所獲得的成果。

　　為了讓活動上軌道，下面列出了 15 項重點事項提供大家參考，最後我們由衷的感謝山田日登志老師的指導。

　　1. 總裁、工廠長要帶頭領導革新活動。

　　2. 養成上級幹部每週 2 次工廠巡迴，並現場指出浪費的部分。

　　3. 明確目標 (省人 30%、省空間 30%、削減庫存 30%)。

　　4. 區分出可以馬上改善的部分、需要一段時間來改善的部分。

　　5. 開始試運轉時，先選出優秀的人才。

　　6. 不一次指出很多的問題。

　　7. 出貨管理看板 / 生產管理看板 / 超市 / 冷藏庫是基本功。

　　8. 有成功的案例馬上水平展開。

　　9. 記錄一點一件的結果。(來決定模式)

　　10. 改善順序是從「出貨場」開始。

　　11. 從第 4 次革新的活動開始自己發現問題並解決它。

　　12. 組織設立改善小組。

　　13. 選出小組內的組長。

　　14. 每週設定一次改善時間，試著執行到底！

　　15. 為了不回到原點，上級幹部要領導提振士氣。

山田語錄

以下語錄係我於 1999 年起 3 年間，在山田老師身旁學習中，
所整理摘錄下來的箴言，非常值得大家深思力行。

★「改善魂」：這本書，是為紀念
PEC 產業教育中心創立 20 週年出
版的山田老師著作。

　我在接受老師指導「豐田生產方
式」時，獲老師親贈「簽名」紀念。

「經營篇」

★經營不是想法，而是身體力行的事。如果不具體行動是不會有成果的。考慮之
　前首先，使自己動起來。

★所謂真正的經營者，是做別人所不能做的人。而所謂上班族的經營，就是無法
　做的話就不去做的人。

★如果今天一整日的利益都能斤斤計較的話，那明天的利益就可預見的出來。或
　許要求提供本月、下月的利益有些難，但決算每天的利益是重要的。實現一日
　經營吧！

★所謂經營，是從景氣及其他的現象來看。而我則從與現場應有的關聯來思考經
　營。最基本的是，從你知道的事情開始。

★經營的根本是「人」。不改變不行的幹部，經營就不會有變化，就無法經營。

★不教你如何工作，而是教你如何經營！

★所謂好東西，賣需要的人好的東西。賣人們不需要的東西就需要向人低頭，但
　如果有需要時，顧客就會低頭。

「人材篇」

★「現場有改變」「公司就會賺」這是結果。「人」不改變,則什麼都不會變。現在公司的上司,只看「數字」不看「人」的很多。

★身為「管理者」是掌握住「人」的腳或是得到現場工作的人?就像對自己的孩子一樣,不想看他們做那麼單純的工作一輩子是一樣的。

★所謂勞働強化,是什麼都不改善,就只是努力工作那不會有改變,而是應啟動生產革新活動,將沒有附加價值的作業變成有價值的一項工作。

「製造篇」

★所謂改善,不是今天沒有不好的事發生或沒看見缺點,而是今天比昨天不管在想法及眼力上都有進步。

★如果沒有加以實務訓練,無論再怎麼聽說 100 次,也改善不來。

★人與人間、料架間、機器間,全都是有浪費可能的來源。

★改善,一個人是不行的。改善的推動需要每個人都拿出力量動起來,如果沒有不服輸的心態,那是動不起來的。

★工廠巡迴的目的,不是兜繞圈子,改善項目沒找到的話,今天只是「空箱子」,只是「步行」。

★細胞生產,比起傳統生產線可以提高合格生產率 2 成。

★連一秒的浪費都感覺得到,那這個人就有理解的資質。

★別考慮!!排除眼前的浪費,試著做看看。

★改善就是從容易的地方開始找。

★改善是為了磨練自己,而不是為了公司。

★對全部的動作都要抱持疑問。

★豐田公司,班長的工作時間即是標準工時,但不是由別人設定的。

★標準繼續 1 年沒變化就是沒有進步,還不如不決定標準,視實際狀態而定。

★箱子變得雜亂,就是沒有做整流化的證據。

★在庫存堆放的地方,如果觀察 10 分鐘就要馬上能發現問題點來。

★管理是不存在亂流的職場中,這話是弄錯管理的定義解釋,而是因為生產管理課、資材課等管理單位的複雜化管理所導致。

參考文獻 / 書目

一、中文部分：

　　1. 國瑞協力會 TPS 研究會，豐田的現場管理，中衛發展中心，2004 年。

二、日文部分：

　　1. PEC 產業教育中心，改善 Leader 養成講座，山田日登志，2008 年。

　　2. 日刊工業新聞社，豐田生產方式理解事典，山田日登志，1987 年。

< 我的管理理念 >

＜ 我的管理理念 ＞

< 我的管理理念 >

五南圖解財經商管系列

※ 最有系統的圖解財經工具書。
※ 一單元一概念，精簡扼要傳授財經必備知識。
※ 超越傳統書籍，結合實務精華理論，提升就業競爭力，與時俱進。
※ 內容完整，架構清晰，圖文並茂‧容易理解‧快速吸收。

圖解財務報表分析
／馬嘉應

圖解會計學
／趙敏希、
馬嘉應教授審定

圖解經濟學
／伍忠賢

圖解貨幣銀行學
／邱正雄

圖解國貿實務
／李淑茹

圖解財務管理
／戴國良

圖解行銷學
／戴國良

圖解管理學
／戴國良

圖解企業管理(MBA學)
／戴國良

圖解領導學
／戴國良

圖解品牌行銷與管理
／朱延智

圖解人力資源管理
／戴國良

圖解物流管理
／張福榮

圖解策略管理
／戴國良

圖解網路行銷
／榮泰生

圖解企劃案撰寫
／戴國良

圖解顧客滿意經營學
／戴國良

圖解企業危機管理
／朱延智

圖解作業研究
／趙元和、趙英宏、
趙敏希

國家圖書館出版品預行編目資料

圖解山田流的生產革新 ／ 野沢陳悦, 陳崇志
合著. －－初版. －－臺北市：書泉, 2014.05
　面；　公分
　ISBN　978-986-121-910-3（平裝）
1.生產管理
494.5　　　　　　　　　　　103003855

3M67

圖解山田流的生產革新

作　　　者－野沢陳悦、陳崇志
發　行　人－楊榮川
總　編　輯－王翠華
主　　　編－張毓芬
責任編輯－侯家嵐
文字編輯－陳俐君
封面設計－盧盈良
內文排版－張淑貞
發　行　者－書泉出版社
地　　　址：106 台北市大安區和平東路二段 339 號 4 樓
電　　　話：(02)2705-5066
傳　　　真：(02)2706-6100
網　　　址：http://www.wunan.com.tw/shu_newbook.asp
電子郵件：wunan@wunan.com.tw
劃撥帳號：01303853
戶　　　名：書泉出版社
台中市駐區辦公室／台中市中區中山路 6 號
電　　　話：(04)2223-0891
傳　　　真：(04)2223-3549
高雄市駐區辦公室／高雄市新興區中山一路 290 號
總　經　銷：朝日文化事業有限公司
電　　　話：(02)2249-7714　傳　　　真：(02)2249-8716
地　　　址：235 新北市中和區橋安街 15 巷 1 號 7 樓
法律顧問　林勝安律師事務所　林勝安律師
出版日期　2014 年 5 月初版一刷
　　　　　2014 年 7 月初版三刷
定　　　價　新臺幣 350 元